职业教育园林园艺类专业系列教材

园林植物识别

主　编　张秀丽　吴艳华
副主编　滕　云　董　淼　夏忠强
参　编　陈献昱　尹钧婷　张　超
主　审　王国东　陈杏禹

机械工业出版社

本书共包含五个学习情境：园林植物认知、园林植物与环境条件、园林木本植物识别、园林草本植物识别、室内观赏植物识别。每个学习情境均按实际工作任务的逻辑顺序进行编写，内容深入浅出，辅以生动的图文解说，强化职业技能。同时，本书融入数字化教学资源，力求实现教学与实践的紧密结合，并体现校企合作的教育理念。

本书可以作为职业院校园林技术、园艺技术、园林工程技术、风景园林设计等专业的教学用书，也可以作为从事相关工作人员的参考用书。

图书在版编目（CIP）数据

园林植物识别 / 张秀丽，吴艳华主编. -- 北京：机械工业出版社，2024.9. --（职业教育园林园艺类专业系列教材）. -- ISBN 978-7-111-76613-1

Ⅰ. S688

中国国家版本馆 CIP 数据核字第 2024P4U227 号

机械工业出版社（北京市百万庄大街22号　邮政编码100037）
策划编辑：王靖辉　　　　　　责任编辑：王靖辉　章承林
责任校对：韩佳欣　张昕妍　　封面设计：马精明
责任印制：单爱军
北京虎彩文化传播有限公司印刷
2024年12月第1版第1次印刷
210mm×285mm・15印张・435千字
标准书号：ISBN 978-7-111-76613-1
定价：59.00元

电话服务　　　　　　　　　网络服务
客服电话：010-88361066　　机　工　官　网：www.cmpbook.com
　　　　　010-88379833　　机　工　官　博：weibo.com/cmp1952
　　　　　010-68326294　　金　书　网：www.golden-book.com
封底无防伪标均为盗版　机工教育服务网：www.cmpedu.com

本书围绕《国家职业教育改革实施方案》的有关要求进行编写，充分发挥教材建设在提高人才培养质量中的基础性作用，坚持为党育人、为国育才，全面提高人才自主培养质量；充分体现职业标准与岗位技能，推进职普融通、产教融合、科教融汇，优化职业教育类型定位；充分考虑学生个性发展的需求，落实立德树人根本任务，培养德智体美劳全面发展的社会主义建设者和接班人。

立足于园林植物识别、栽培与应用实践，遵循"适度够用"的原则，本书共分五个学习情境：园林植物认知、园林植物与环境条件、园林木本植物识别、园林草本植物识别和室内观赏植物识别，简明扼要地介绍了园林植物的含义和分类、园林植物与环境条件的关系，着重阐述了不同园林植物的识别要点、栽培管理与园林应用。

本书与企业合作开发，力求反映最新生产技术，注重实际操作，注重学生素质培养，内容深入浅出，具有较鲜明的职业特色，可使读者快速认识各种园林植物、迅速掌握各种园林植物的栽培技术、灵活掌握各种园林植物的特性、准确地进行园林应用。

本书注重强化理论与实践相结合的教学模式，巧妙融入丰富的数字化教学资源，包括**丰富的彩图（以二维码形式在本书附录中呈现）以及微课视频（见正文中二维码）**，不仅极大地丰富了教学内容，还使学生们可以随时随地进行自主学习。此外，本书能够紧跟信息技术的发展步伐和产业升级趋势，实现内容的动态更新与优化，这也为本书的再版提供了极大的便利。

本书由辽宁农业职业技术学院张秀丽、辽宁农业职业技术学院吴艳华任主编，信阳农林学院滕云、河南工业职业技术学院董淼、辽宁农业职业技术学院夏忠强任副主编。具体编写分工如下：学习情境一～学习情境三由滕云编写；学习情境四、学习情境五室内观花植物识别由张秀丽编写；学习情境五室内观叶植物识别由张秀丽、夏忠强、吴艳华编写，董淼提供相关资料。此外，辽宁农业职业技术学院陈献昱、辽宁农业职业技术学院尹钧婷、盘锦天一城乡建设工程有限公司张超参与了本书部分内容的整理工作，书中微课视频二维码均由张秀丽提供。全书由张秀丽统稿，由辽宁农业职业技术学院王国东、辽宁农业职业技术学院陈杏禹审稿。

本书在编写过程中，牢固树立和践行"绿水青山就是金山银山"的理念，站在人与自然和谐共生的高度谋划内容，参考借鉴了大量有关学者、专家的著作、资料，在此表示感谢！因编者所在地域和水平所限，书中不当之处在所难免，敬请读者批评指正。

编 者

本书微课二维码

穴盘播种繁殖		吊兰上盆 - 选盆	
培养土配制		吊兰上盆 - 垫排水孔	
芍药与牡丹形态特征区别		吊兰上盆 - 浇水	
芍药分株繁殖		空中压条繁殖	
整形修剪		竹芋换盆 - 常用材料	
唐菖蒲种植		竹芋换盆 - 脱盆	
蝴蝶兰换盆		竹芋换盆 - 根系处理	
长寿花穴盘苗上盆		竹芋换盆 - 上盆	

目录

前言

本书微课二维码

学习情境一　园林植物认知 /1

　　一、园林植物的含义 /1
　　二、园林植物的分类 /1
　　　　（一）系统分类法 /1
　　　　（二）人为分类法 /4

学习情境二　园林植物与环境条件 /11

　　一、温度与园林植物的生长 /11
　　　　（一）温度变化规律及园林植物的分布 /11
　　　　（二）温度与园林植物的生长发育 /13
　　二、光照与园林植物的生长 /14
　　　　（一）光质对园林植物的影响 /15
　　　　（二）光照强度对园林植物的影响 /15
　　　　（三）光周期对园林植物的影响 /16
　　　　（四）光照对园林植物形态的影响 /17
　　三、水分与园林植物的生长 /17
　　　　（一）水分与园林植物的生态类型 /17
　　　　（二）园林植物不同生长发育阶段对水分的需求 /18
　　　　（三）水分对园林植物开花结实的影响 /18
　　　　（四）水分的其他形态对园林植物的影响 /19
　　　　（五）水分缺乏对植物的影响 /19
　　四、土壤与园林植物的生长 /19
　　　　（一）土壤质地与结构对园林植物的影响 /19
　　　　（二）土壤养分对园林植物的影响 /20
　　　　（三）土壤酸碱性对园林植物的影响 /20
　　　　（四）盐渍土对园林植物的影响 /21
　　　　（五）土壤通气性对园林植物的影响 /21
　　　　（六）土壤紧实度对园林植物的影响 /22
　　五、气体与园林植物的生长 /22
　　　　（一）氧气（O_2）/22

（二）二氧化碳（CO_2）/ 22
（三）有害气体 / 22

学习情境三　园林木本植物识别 / 25

一、乔木类识别 / 25
（一）常绿乔木树种 / 25
（二）落叶乔木树种 / 40
二、灌木类识别 / 66
（一）常绿（半常绿）灌木树种 / 66
（二）落叶灌木树种 / 85
三、藤木类识别 / 109
（一）常绿（半常绿）藤蔓树种 / 109
（二）落叶藤蔓树种 / 114

学习情境四　园林草本植物识别 / 120

一、一年生和二年生草本植物识别 / 120
二、宿根植物识别 / 143
三、球根植物识别 / 158

学习情境五　室内观赏植物识别 / 167

一、室内观花植物识别 / 167
二、室内观叶植物识别 / 187

附录　本书彩图二维码 / 203

参考文献 / 231

学习情境一
园林植物认知

【学习目标】
- 知识目标：1. 描述园林植物的含义；
  2. 明确园林植物分类的基本方法。
- 能力目标：1. 具备园林植物分类的基本能力；
  2. 能熟练归类当地常见的园林植物。
- 素质目标：1. 培养学生自主学习的能力；
  2. 培养学生团队合作意识。

【学习内容】
园林植物的含义；园林植物的系统分类法和人为分类法。

一、园林植物的含义

狭义的园林是指一般的公园、花园、庭园等。广义的园林除公园、花园、庭园以外，还包括森林公园、风景名胜区、自然保护区或国家公园，城乡绿化、道路绿化，以及机关、学校、厂矿的建设和家庭的装饰布置，甚至还包括各种专类园如野趣园（原野）、百草园、岩石园、沼泽园、叶生园、海滨园等和单一树种建立的专类园如桂花园、杜鹃园、月季园、山茶园、牡丹园、木兰园等。

园林植物是一切适用于园林绿化的植物材料的统称，包括木本和草本的观花、观叶与观果植物，以及适用于园林绿化和风景名胜区的防护植物与经济植物等。室内花卉装饰用的植物也属于园林植物。绿色消费、推动绿色低碳的生产方式和生活方式，进一步推进了城乡园林建设的发展，新的物种不断发现和引种，新的品种不断培育和应用，园林植物涵盖的范围越来越广，种类也越来越丰富。

二、园林植物的分类

地球上的植物约有50万种，园林植物仅占其中的很少一部分。人们在尊重自然、顺应自然、保护自然的同时，不断挖掘利用园林植物，有效地为人类服务，首先要正确识别园林植物，并科学地进行分类。人们在进行分类时所应用的依据和目的不同，对园林植物的分类方式也不同。总体来说，园林植物分类的方法有两大类：系统分类法和人为分类法。

（一）系统分类法

系统分类法是根据植物亲缘关系的远近和进化过程进行分类的方法，着重反映植物的亲缘关系和由低级到高级的系统演化关系。其任务不仅要识别物种、鉴定名称，还要阐明物种之间的亲缘关系和分类系统，进而研究物种的起源、分布中心、演化过程和演化趋向。系统分类法是学习植物类课程的基础。

1. 植物分类系统

由于有关植物演化的知识和证据不足，到目前为止，还没有建立一个统一完善的系统。各国学者根据现有材料及各自观点创立了不同的系统。其中我国比较常用的有恩格勒系统和哈钦松系统。

德国植物学家恩格勒（1844—1930年）创立了恩格勒系统，他认为柔荑花序类植物在双子叶植物中是比较原始的类群，单子叶植物比双子叶植物原始，因而在系统中把单子叶植物排列在双子叶植物前面。这种观点被许多植物分类学家认为不妥。后来曼希尔（Melchior）对该系统作了修正，把双子叶植物排在单子叶植物前面。《中国树木分类学》《中国高等植物图鉴》等书采用恩格勒系统编写。

英国植物学家哈钦松的哈钦松系统把被子植物分为双子叶植物纲和单子叶植物纲，然后又把双子叶植物纲分为木本支和草本支，把单子叶植物纲分为萼花区、冠花区和颖花区。哈钦松系统的特点：一是认为木兰目植物较原始，因此在被子植物系统中把木兰目排列在前面，而且认为木本支与草本支分别以木兰目和毛茛目为原始起点平行进化；二是认为柔荑花序类植物比较进化，是次生（或退化）的表现；三是单子叶植物比双子叶植物进化。这些都与恩格勒系统不同。《广州植物志》《海南植物志》等采用哈钦松系统编写。

2. 植物分类单位

在系统分类法中各级分类单位按照高低和从属关系顺序排列，具体规定了以下分类单位，即界、门、纲、目、科、属、种，借以顺序表明各分类等级。有时因在某一等级中不能确切而完全地包括其形状或系统关系，可加设亚门、亚纲、亚目、亚科、亚属等。每种植物都可在各级分类单位中表示出它的分类地位和从属关系。

以桃为例：

界……植物界 Regnum Plantae
　门……种子植物门 Spermatophyte
　　亚门……被子植物亚门 Angiospermae
　　　纲……双子叶植物纲 Dicotyledoneae
　　　　亚纲……蔷薇亚纲 Rosidae
　　　　　目……蔷薇目 Rosales
　　　　　　亚目……蔷薇亚目 Rosineae
　　　　　　　科……蔷薇科 Rosaceae
　　　　　　　　亚科……李亚科 SubFam.Prunoideae
　　　　　　　　　属……桃属 *Amygdalus*
　　　　　　　　　　种……桃 *Amygdalus persica* L.

种是分类的基本单位，各派学者对种的认识并不统一，目前为大家接受的概念为：种是在自然界客观存在的一个类群，这个类群中的所有个体都有极其相似的形态特征和生理生态特征，个体间可以自然交配产生正常后代而使种族延续，在自然界有一定的分布区域。种与种之间有明显界限，除了形态特征的差别外，还存在着"生殖隔离"现象，即异种之间不能产生后代，即使产生后代也不能具有正常的生殖能力。种虽具有相对稳定的特征，但也是在不断地发展演化。如果种内某些个体之间具有显著差异，可视差异大小分为亚种、变种和变型等。

亚种（Subspecies）是种内的变异类型，除在形态构造上有显著的变化特点外，在地理分布上也有一定较大范围的地带性分布区域。

变种（Varietas）也是种内的变异类型，虽然在形态构造上有显著变化，但是没有明显的地带性分布区域。

变型（Forma）是指在形态特征上变异较小的类型，如花色的不同、花的重瓣或单瓣、毛的有无、叶面上有无色斑等。

园林植物和农作物经过人工选育而出现变异，如色、香、味、植株大小、产量高低等，以此划分的种内个体群，叫作品种（Cultivar）。品种只用于栽培植物，作为农业、园艺、园林生产资料，不存在于自然界中。

3. 植物学名

植物学名是用拉丁文表示的植物名称，在国际上是统一的，应用于各方面的学术交流。一方面，地球上的植物由于种类繁多、产地不同、生长和利用状况不同，往往出现"同物异名"现象，如马铃薯，我国北方叫土豆，南方称洋山芋（或洋芋），英文名叫 potato，不同的国家还会有其他名称。另一方面，还会出现"同名异物"的状况，如我国叫白头翁的植物有10多种，它们分别属于毛茛科、蔷薇科等不同科。这种"同名异物"和"同物异名"的现象，使人们分辨植物受到阻碍，不利于对植物的使用。后来，德堪多在1912年提出《国际植物命名法规》，1961年蒙特利在德堪多的基础上重新修改法规，植物学名才有了共同的章程和规则。植物学名为植物的正确鉴定和利用及在国际上的沟通提供了极大的方便，有利于科学的发展和国际学术交流。

植物学名采用双名法，即每一学名由属名和种名两部分组成，属名多为名词，第一个字母必须大写，种名多为形容词，种名后附以命名人姓氏。例如，银杏的学名为 *Ginkgo biloba* L.，其属名 *Ginkgo* 为我国广东话的拉丁文拼音；种名 *biloba* 为形容词，意为二裂的，形容银杏的叶片先端呈二裂状；最后的"L."为命名人林奈（Linnaeus）的缩写。

（1）科名　由该科中代表属的属名去掉词尾加科名的词尾 aceae，如松属 *Pinus*，松科 Pinaceae；桦木属 *Betula*，桦木科 Betulaceae。

（2）属名　多为古拉丁或古希腊对该属的称呼，也有表示植物的特征和产地的。例如，松属 *Pinus* 为古拉丁名称，枫香树属 *Liquidambar* 表示枫香体内含琥珀酸，杜鹃花属 *Rhododendron* 意为玫瑰色树木，台湾杉属 *Taiwania* 表示产于台湾。也有以人名或神话中人物命名的，如杉木属 *Cunninghamia* 是为了纪念英国人 Cunningham 在1702年发现杉木。

（3）种加词　通常表示植物的形态特征、产地、用途和特性；也有的用人的姓氏作为种名，表示纪念；还有少数种名是拉丁化的原产地俗名。例如，*lanceolata* 表示叶是披针形的，*officinalis* 表示药用的，*chinensis* 表示原产我国的。不同植物可能出现相同种加词，但各种植物的属名不重复，如毛白杨 *Populus tomentosa* Carr.，毛泡桐 *Paulownia tomentosa*（Thunb.）Steud.。

（4）亚种、变种、变型和栽培品种

1）亚种：亚种名就是在种名之后加上 ssp. 或者 subsp.（subspecies 的缩写）及亚种名并附命名人姓氏，如凹叶厚朴 *Magnolia officinalis* subsp.*biloba*（Rehd.et Wils.）Law。

2）变种：变种名就是在种名之后加上 var.（varietas 的缩写）及变种名并附命名人姓氏，如蟠桃 *Amygdalus persica* var.*compressa*（Loud.）Yü et Lu。

3）变型：在种名后加 f.（forma 的缩写）及变型名，同时列命名人于后，如无刺刺槐 *Robinia pseudoacacia* f. *inermis* Rehd.。

4）栽培品种：栽培品种名第一个字母大写，外加''，后不附命名人姓氏，如龙柏 *Sabina chinensis* 'Kaizuca'。

（5）命名人　根据《国际植物命名法规》，植物各级分类单位之后均有命名人，命名人通常以缩写形式出现，林奈 Linnaeus 缩写为 L.，如柏木属 *Cupressus* L.。一种植物两人合作命名时，则在两个命名人之间加 et（"和"的意思），如水杉 *Metasequoia glyptostroboides* Hu et W.C.Cheng 是由胡先骕和郑万钧两人合作发表的。如果命名人并未公开发表，由别人代他发表时，则在命名人之后加 ex（"由"的意思），再加上代为发表人的名字，如榛 *Corylus heterophylla* Fisch.ex Bess. 表示由 Bess. 代 Fisch. 发表这种新植物。如果命名人建立的名称，其属名错误而被别人改正时，则原命名人加括号附于种名后，如丽江云杉 *Picea likiangensis*（Franch.）E.Pritz.，表示 Franch. 开始把丽江云杉命名为 *Abies likiangensis*，后来 E.Pritz. 研究发现它是云杉属而不是冷杉属，于是他重新更换了属名。

4. 植物分类检索表

植物分类检索表是鉴定植物种类的重要工具之一。通常植物志、植物分类手册等都附有植物分类检索表。通过检索表，初步查出科、属、种的名称，从而方便鉴定植物种类。

植物分类检索表采用二歧归类方法编制而成，即选择某些植物与另一些植物的主要区别特征编列成相对的项号，然后又分别在所属项下再选择主要的区别特征，再编列成相对应的项号，如此类推编项直到一定的分类等级。

查用检索表时，根据标本的特征与检索表上所记载的特征进行比较，如果标本特征与记载相符合，则按项号逐次查阅；如果其特征与检索表记载的某项号内容不符，则应查阅与该项相对应的项，如此继续查对，便可检索出该标本的分类等级名称。

使用检索表时，首先应全面观察标本，然后才进行查阅，当查阅到某一分类等级名称时，必须将标本特征与该分类等级的特征进行全面的核对，若两者相符合，则表示所查阅的结果是准确的。

常见的植物分类检索表有定距式检索表、平行式检索表。

（1）定距式检索表　将每一对互相区别的特征分开编排在一定的距离处，标以相同的项号，每低一项号退后一字，如：

  1. 花被片 6 枚。
    2. 小坚果具翅；柱头头状；雄蕊通常 9 枚；内轮花被片在结果时不增大⋯⋯⋯⋯大黄属
    2. 小坚果无翅；柱头画笔状；雄蕊通常 6 枚；内轮花被片在结果时增大⋯⋯⋯⋯酸模属
  1. 花被片 4 或 5 枚，很少为 6 枚（裂）。
    3. 灌木。
      4. 叶常退化成鳞片状；雄蕊 12~18 枚；小坚果具有 4 条肋状突起，有翅或刺毛⋯⋯⋯⋯⋯⋯⋯⋯⋯⋯⋯⋯⋯⋯⋯⋯⋯⋯⋯⋯⋯⋯⋯⋯⋯沙拐枣属
      4. 叶不退化成鳞片状；雄蕊 6~8 枚；小坚果不具肋状突起，无翅或刺毛⋯⋯⋯⋯⋯⋯⋯⋯⋯⋯⋯⋯⋯⋯⋯⋯⋯⋯⋯⋯⋯⋯⋯⋯⋯针枝蓼属
    3. 草本，很少为灌木。
      5. 小坚果与花被等长或未露出⋯⋯⋯⋯⋯⋯⋯⋯⋯⋯⋯⋯⋯⋯⋯⋯⋯⋯蓼属
      5. 小坚果超出花被 1~2 倍⋯⋯⋯⋯⋯⋯⋯⋯⋯⋯⋯⋯⋯⋯⋯⋯⋯⋯荞麦属

（2）平行式检索表　将每一对互相区别的特征编以同样的项号，并紧接并列，项号虽变但不退格，项末注明应查的下一项号或查到的分类等级，如：

1. 花被片 6 枚⋯⋯⋯⋯⋯⋯⋯⋯⋯⋯⋯⋯⋯⋯⋯⋯⋯⋯⋯⋯⋯⋯⋯⋯⋯⋯⋯⋯⋯⋯2
1. 花被片 4 或 5 枚，很少为 6 枚（裂）⋯⋯⋯⋯⋯⋯⋯⋯⋯⋯⋯⋯⋯⋯⋯⋯⋯⋯⋯3
2. 小坚果具翅；柱头头状；雄蕊通常 9 枚；内轮花被片在结果时不增大⋯⋯⋯⋯大黄属
2. 小坚果无翅；柱头画笔状；雄蕊通常 6 枚；内轮花被片在结果时增大⋯⋯⋯⋯酸模属
3. 灌木⋯⋯⋯⋯⋯⋯⋯⋯⋯⋯⋯⋯⋯⋯⋯⋯⋯⋯⋯⋯⋯⋯⋯⋯⋯⋯⋯⋯⋯⋯⋯⋯4
3. 草本，很少为灌木⋯⋯⋯⋯⋯⋯⋯⋯⋯⋯⋯⋯⋯⋯⋯⋯⋯⋯⋯⋯⋯⋯⋯⋯⋯⋯5
4. 叶常退化成鳞片状；雄蕊 12~18 枚；小坚果具有 4 条肋状突起，有翅或刺毛⋯⋯沙拐枣属
4. 叶不退化成鳞片状；雄蕊 6~8 枚；小坚果不具肋状突起，无翅或刺毛⋯⋯针枝蓼属
5. 小坚果与花被等长或未露出⋯⋯⋯⋯⋯⋯⋯⋯⋯⋯⋯⋯⋯⋯⋯⋯⋯⋯⋯⋯⋯蓼属
5. 小坚果超出花被 1~2 倍⋯⋯⋯⋯⋯⋯⋯⋯⋯⋯⋯⋯⋯⋯⋯⋯⋯⋯⋯⋯⋯⋯荞麦属

（二）人为分类法

人为分类法是以植物系统分类的"种"为基础，根据园林植物的生长习性、观赏特性、园林用途等方面的差异及其综合特性，将各种园林植物主观地划为不同的类型。人为分类法具有简单明了、操作和实用性强等优点，在园林生产上普遍采用。

1. 根据形态及生长习性分类

根据形态及生长习性，将园林植物分为园林木本植物和园林草本植物。

（1）园林木本植物　木本植物的茎含有大量的木质，一般比较坚硬。园林中应用的木本植物有许多是花、果、茎或树形美丽的观赏树木，还包括在城市与工矿区绿化及风景区建设中起到卫生防护和改善环境作用的木本植物。根据其生长类型的不同又分为乔木类、灌木类、藤木类。

1）乔木类。乔木的树体高大（6m以上），具有明显的高大主干者为乔木。

按树高分为巨乔或伟乔（31m以上）、大乔木（21~31m）、中乔木（11~20m）、小乔木（6~10m）。

按生长速度分为速生树、中生树和慢生树等。

按叶片生长习性可分为常绿乔木和落叶乔木两大类。

① 常绿乔木：是指终年具有绿叶的乔木，这种乔木的叶片寿命是两三年或更长，每年都有新叶长出，也有部分脱落，由于陆续更新，所以终年保持常绿。本类按叶片大小与形态可分为两类：一类是常绿针叶乔木，如白皮松、雪松、圆柏、侧柏、红豆杉等；另一类是常绿阔叶乔木，如广玉兰、香樟、榕树等。

② 落叶乔木：每年秋、冬季节或干旱季节叶片全部脱落的乔木。本类按叶片大小与形态可分为两类：一类是落叶针叶乔木，如水杉、落羽杉等；另一类是落叶阔叶乔木，如银杏、毛白杨、旱柳、枫香、悬铃木、栾树等。

2）灌木类。灌木的树体矮小（6m以下），无明显主干或主干甚短，多数呈丛生状。

按叶片的生长习性可分为两类：

① 常绿灌木：如栀子、海桐、黄杨、铺地柏等。

② 落叶灌木：如贴梗海棠、紫荆、珍珠梅、蜡梅、锦带花等。

3）藤木类。藤木类是能缠绕或者攀附他物向上生长的木本植物。

依据其攀缘习性可分为以下几类：

① 缠绕类：茎干细长，能够沿一定粗度的支持物左旋或右旋缠绕而生长，如紫藤、铁线莲、猕猴桃等。

② 吸附类：枝蔓借助于黏性吸盘或吸附气生根而稳定于他物表面，支持植株向上生长，如具有吸盘的地锦、具有气生根的常春藤等。

③ 卷须类：茎、叶或其他器官变态为卷须，卷攀他物而使植株向上生长，如葡萄、炮仗花等。

④ 蔓条类：每年可发生多数长枝，枝上有钩刺借助支持物上升的木本植物，如野蔷薇、叶子花等。

（2）园林草本植物　草本植物的茎含木质较少，比较柔软。园林中应用的草本植物，按照生活周期和地下部分形态特征又可分为一、二年生植物，宿根植物，球根植物。

1）一、二年生植物。一、二年生植物是指在一个或两个生长季内完成生活史的植物。一年生植物是在一个生长季内完成其全部生活史的植物，一般春季播种，夏、秋季开花、结实，冬季来临时死亡，如百日草、凤仙花、地肤、波斯菊、半枝莲等。二年生植物是在两个生长季节内完成其全部生活史的植物，通常秋季播种，第二年春季开花、结实，在炎夏到来时死亡，如紫罗兰、花菱草等。除典型的一、二年生植物外，园林中常用的还有许多多年生植物当一、二年生栽培的植物种类，如一串红等。

2）宿根植物。宿根植物是多年生植物（个体寿命超过两年以上的植物）中，地下根系正常、不发生变态、可多次开花结实的植物。依其落叶性不同，宿根植物又分为常绿宿根植物和落叶宿根植物。常绿宿根植物常见的有麦冬、红花酢浆草、万年青、君子兰等；落叶宿根植物常见的有菊花、芍药、桔梗、玉簪、萱草等。落叶宿根植物耐寒性较强，在不适应的季节里，植株地上部分枯死，而地下的芽及根系仍然存活，待春季温度回升后，又能重新萌芽生长。

3）球根植物。球根植物是多年生植物中地下部分变态肥大者，依靠其贮存的营养度过休眠期且可多次开花结实的植物。

球根植物根据其变态形状又分为以下五大类：

① 鳞茎类：地下茎短缩呈扁平的鳞茎盘，肉质肥厚的鳞片着生于鳞茎盘上并抱合成球形，称为鳞茎。外被膜质外皮的叫有皮鳞茎，如水仙、郁金香、朱顶红等；鳞片的外面没有外皮包被的叫无皮鳞茎，如百合等。

② 球茎类：地下茎短缩呈球形或扁球形，肉质实心，有膜质的外皮，剥去外皮可以看到顶芽，也有节和节上的侧芽，如唐菖蒲、香雪兰等。

③ 根茎类：地下茎肥大多肉，变态为根状，在土中横向生长。其上有明显的节、节间和芽，并有分支，每个分支的顶端为生长点，须根自节部簇生，如美人蕉、荷花、睡莲等。

④ 块茎类：地下茎呈不规则的块状或条状，其上茎节不明显，且不能直接生根，但顶芽发达，如马蹄莲、海芋、大岩桐、晚香玉等。

⑤ 块根类：根部肥大，能贮藏大量养分，根上不能生芽，块根顶端有发芽点，如大丽花等。

2. 根据观赏特征分类

园林植物的花、果、叶、枝等各个器官具有丰富的观赏特性，这些特性是形成优美的园林景观的重要因素。根据观赏的部位不同，可分为以下几类。

（1）观花类　花是植物最重要的繁殖器官，观花类的园林植物通常具有显著的花色、花形、花香等特征。

1）花色。园林植物的花在色彩上是千变万化、层出不穷的。通常讲的花色包括了花瓣、雌雄蕊、花萼的颜色，但最受关注的还是花冠（花瓣与花萼的总称）的颜色。

按花色的特点，园林植物可分为以下几类：

① 红色系：桃、杏、梅花、海棠、樱花、蔷薇、月季、贴梗海棠、石榴、扶桑、合欢、木棉、龙牙花、刺桐、山茶、杜鹃、紫薇、牡丹、一串红、朱顶红、美人蕉、四季秋海棠等。

② 黄色系：迎春、迎夏、桂花、瑞香、黄木香、连翘、黄刺玫、棣棠、蜡梅、金丝桃、金露梅、金花茶、小檗、金盏菊、珠兰、金莲花、萱草、月见草、向日葵、万寿菊、蒲公英等。

③ 蓝紫色系：紫藤、紫丁香、木兰、荆条、木槿、泡桐、八仙花、鸢尾、矢车菊、二月兰、紫花地丁、风信子、大花飞燕草、藿香蓟、龙胆、马蔺、蓝花鼠尾草等。

④ 白色系：溲疏、山梅花、茉莉、女贞、栀子、鸡树条荚蒾、广玉兰、玉兰、珍珠梅、绣线菊、络石、甜橙、银薇、暴马丁香、白梨、白花木槿、刺槐、肥皂草、玉簪、香雪球、大滨菊、雪滴花、铃兰、玉竹、瓣蕊唐松草、晚香玉等。

2）花形。花形是指单朵花的形状，一般认为花瓣数多、重瓣性强、花径大、形体奇特者，观赏价值高。单朵花具有各式各样的花形，以花冠为例，常见的具有十字形花冠的有二月兰、桂竹香；蝶形花冠的有国槐、紫藤；漏斗形花冠的有牵牛、茑萝；唇形花冠的有一串红、随意草；喇叭状花冠的有曼陀罗；钟形花冠的有桔梗、风铃草；舌状花冠的有向日葵、蒲公英等。

当单朵花排聚在一起时，又形成大小不同、式样各异的花序，如具有总状花序的金鱼草、风信子；穗状花序的千屈菜、蛇鞭菊；柔荑花序的核桃、毛白杨；伞形花序的美女樱、报春花；伞房花序的绣线菊、石竹；头状花序的百日草、万寿菊；圆锥花序的宿根福禄考、泡桐；聚伞花序的唐菖蒲、勿忘我等。

3）花香。植物的花香可以刺激人的嗅觉，使人愉悦，还能招引蜂蝶，增添情趣。依据不同植物花香的差别，大体上可分为清香（如茉莉、水仙）、甜香（如桂花）、浓香（如白玉兰）、淡香（如玉兰）、幽香（如树兰）。我国人民自古以来就懂得欣赏花香，花香也成为花文化最重要的内容之一，梅花、兰花等许多传统名花均以香取胜。在现代园林建设中，常建有"丁香园""桂花园"等以欣赏花香为目的的专类园，以及各种香花植物配植而成的"芳香园"。适宜的花香植物也是医疗和康复花园中常用的材料。

（2）观果类　观果类的园林植物通常果实显著、色彩醒目、宿存时间长。主要观赏果色、果形、果量。

1）果色。

① 红色果实植物：小檗、平枝栒子、水栒子、枸骨、火棘、山楂、天目琼花、金银忍冬、花椒类、冬青、丝绵木、柿树、石榴、海棠果、南天竹、红豆树、枸杞、玫瑰、接骨木等。

② 黄色果实植物：贴梗海棠、木瓜、海棠花、柑橘、柚子、番木瓜、佛手、梅花、杏、沙棘、金橘、南蛇藤等。

③ 蓝紫色果实植物：紫珠、葡萄、十大功劳、五叶地锦、海州常山等。

④ 黑色果实植物：金银花、女贞、小蜡、地锦、鼠李、西洋接骨木、君迁子、五加、常春藤、大果冬青等。

⑤ 白色果实植物：红瑞木、乌桕、银杏、雪果等。

除上述基本果色外，有的果实还具有花纹。此外，光泽、透明度等许多细微的变化，形成了色彩斑斓、极富趣味的景观变化。

2）果形。许多园林植物的果实以奇异的形状来吸引人们的视线，如铜钱树的果实形似铜钱，佛手的果实犹如手掌一般，猫尾木的果实形状如"猫尾"，腊肠树的果实像腊肠，炮弹树的果实酷似"炮弹"等。近年来，一些以食用为主的瓜果蔬菜，也逐渐培育出以观赏为主的品种，如观赏辣椒、观赏南瓜、观赏葫芦等，均是极佳的观果类园林植物。

3）果量。数量繁多的果实也是园林景观之一，人们多喜欢果实累累的氛围，布置精美的观果园常使人流连忘返，但应当选择不具有毒性的种类。此类植物有火棘、荚蒾、葡萄、南天竹及枇杷等。

（3）观叶类　叶是植物的营养器官。相对于花和果实，叶是植物体观赏时间最长的部分。观叶类的园林植物主要观赏叶色、叶形。

1）叶色。园林植物叶的颜色有极大的观赏价值，随着季节更替、植物的生长发育，叶色变化十分丰富。根据叶色及其变化情况，可分为有季相变化和无季相变化两类。

根据叶色的特点可分为以下几种：

① 绿色叶：绿色虽属于叶片的基本颜色，其深浅受种类、环境及本身营养状况的影响而发生变化，有嫩绿色、浅绿色、鲜绿色、深绿色、黄绿色、褐绿色、赤绿色、蓝绿色、墨绿色、亮绿色、暗绿色等的差别。例如，叶色呈深绿色的油松、圆柏、雪松、侧柏、山茶、女贞、桂花、国槐、榕树等；叶色呈浅绿色的水杉、落羽杉、落叶松、金钱松、鹅掌楸、玉兰、柳树等。

② 春色叶：春季新发生的嫩叶颜色显著不同于绿色的植物统称为春色叶植物，常见春色叶为粉红色的植物有五角枫和垂丝海棠；紫红色的有黄连木、梅花和葡萄；红色的有七叶树、乌蔹莓、金花茶、卫矛、复叶栾树、女贞、桂花、椤木石楠、山杨、山杏及樱花等。

在南方暖热气候地区，有许多常绿树的新叶不限于在春季发生，也有美丽的色彩，如铁力木、荔枝等，所以这类植物也可以被称为新叶有色类植物。

③ 秋色叶：凡在秋季叶片有显著变化，如变成红色、黄色等而形成艳丽的季相景观的植物统称为秋色叶植物。根据叶色不同将秋色叶植物分为：红色或紫红色类，如鸡爪槭、三角枫、五角枫、茶条槭、枫香、小檗、樱花、山麻秆、槭树、盐肤木、黄栌、柿树、山楂、地锦、火炬树、乌桕等；黄色或橙色类，如落叶松、金钱松、银杏、白蜡、复叶槭、白桦、桑、榉树、黄连木、鹅掌楸、悬铃木、柳树、梧桐、无患子、栾树等。

园林中由于秋色叶观赏期长，为各国人民所重视，如我国北方深秋可观赏五角枫、黄栌的红叶，南方则以枫香、乌桕的红叶著称；欧美国家的秋色叶以红槲和桦木等最为夺目；日本则以槭树最为普遍。

④ 常色叶类：有些植物的叶常年均呈现异于绿色的叶色，如金黄色、红色、紫色等颜色，称为常色叶类植物。这类植物大多来源于人们有目的的选择育种，品种数量逐年增加。常色叶类植物在

现代园林景观中被大量应用，构成五彩缤纷的色带、彩篱、花坛等，在公园、广场等地随处可见，因其特殊景观效果而广受人们欢迎。常年叶色为红色或紫红色的植物有紫叶鸡爪槭、红羽毛枫、细叶鸡爪槭、紫叶小檗、红花檵木、红叶李、紫叶矮樱等；黄色或金黄色的有金叶鸡爪槭、金叶黄杨、金叶女贞、金叶桧、金山绣线菊、金叶榕、金叶假连翘等；叶片上带有金黄色斑纹的有洒金东瀛珊瑚、金边胡颓子、金心大叶黄杨、金边大叶黄杨、斑叶女贞、洒金千头柏、花叶蔓常春藤等；叶色为蓝绿色或泛绿色的有矮蓝偃松、蓝冰柏、蓝云杉等。草本植物常年异色叶的有花叶芋、彩叶草等，也有红色、粉色、黄色及花叶等各种色彩变化。

2) 叶形。园林植物叶的基本类型可分为单叶和复叶。单叶的叶形千变万化，形态迥异，有针形叶的油松、雪松；条形（线形）叶的云杉、矮紫杉；鳞形叶的侧柏、柽柳；披针形叶的旱柳、山桃；椭圆形叶的柿树、广玉兰；卵形叶的金银忍冬、玉兰；圆形叶的荷花、睡莲；掌状叶的元宝枫、梧桐；菱形叶的乌桕；奇特叶形的如鹅掌楸、羊蹄甲、银杏等。在一个叶柄上由二至多枚小叶以某种着生方式排列在一起就形成了复叶。复叶同样具有多种形态，如羽状复叶的刺槐、合欢；掌状复叶的七叶树、铁线莲；单身复叶的柑橘等。这些变化万千的叶形是近赏植物时重要的观赏特征，在景观设计中不容忽视。此外，叶片的大小，叶缘的锯齿、缺刻及叶片表皮上的绒毛、刺突等附属物的特性，也有观赏作用。

（4）观枝、干类　枝、干均属于植物茎的一部分。观枝、干类的园林植物，其茎通常具有奇特的色泽、附属物等，常见的如红瑞木、棣棠以鲜艳的茎色取胜，白皮松奇以树干的斑驳状剥裂、仙人掌类因茎变态肥大而引人注目。

深秋叶落后的干皮颜色在冬季园林景观中具有重要的观赏意义，拥有美丽色彩的植物可以作为冬景园的主要布置材料。

根据枝、干的颜色，园林植物可分为以下几种：

① 白色树干植物：老年白皮松、白桦、白杨、白桉、银白杨、胡桃、法国梧桐、朴树等。

② 红色树干植物：马尾松、红松、赤松、红瑞木、山桃、野蔷薇、杏、山杏、赤桦、糙皮桦等。

③ 绿色树干植物：竹类、梧桐、棣棠、迎春、木香等。

④ 黄色树干植物：金枝垂柳、金枝国槐、黄瑞木、金竹等。

⑤ 斑驳色彩树干植物：白皮松、光皮梾木、二球悬铃木、木瓜、斑竹、湘妃竹、油柿、椰榆等。

另外，还有紫竹等干皮为紫色的植物。除树干的色彩不同外，有些植物树干上具有特殊的器官或附属的皮孔、裂纹、枝刺、绒毛等，也具有观赏价值。

（5）观根类　一般情况下，植物的根是在地下的，但有些植物具有奇特裸露的根，具有观赏价值。例如，榕树的气生根，落羽杉、池杉的屈膝状呼吸根，红树科树木的支柱根等都别具一格。

（6）观姿类　园林植物因其形体不同而姿态各异，常见的乔、灌木有柱形、塔形、圆锥形、圆球形、半圆形、卵形、倒卵形、匍匐形等，特殊的有垂枝形、曲枝形、拱枝形、棕榈形、芭蕉形等。不同姿态的植物给人以不同的感觉。观姿类的园林植物通常整体具有独特的风姿或婀娜多姿的形态，如高耸入云或波涛起伏、平和悠然或苍虬飞舞。常见的有雪松、老年油松、龙柏、垂柳、酒瓶椰等。植物之所以形成不同姿态，是因为其本身的分枝习性及年龄不同。

3. 根据园林用途分类

人们在对园林植物进行实际应用时，往往根据观赏特点及习性将其用于不同的环境，并以适当的方式配植，以满足不同的功能。据此可将园林植物分为如下几类。

（1）孤植树　孤植树是以单株形式布置在花坛、广场、草地中央、道路交叉点、河流曲线转折处外侧、水池岸边、缓坡山冈、庭院角落、假山、登山道及园林建筑等处，起主景、局部点缀或遮阴作用的一类树木。一般以姿态优美、开花结果茂盛、四季常绿、叶色秀丽、抗逆性强的阳性树种较为适宜。孤植树的栽植位置一般选择在开阔空旷的地点，如开阔草坪上的显著位置、花坛中心、庭园向阳处等，形成空间的焦点。

常用的孤植树种类有雪松、金钱松、南洋杉、银杏、悬铃木、七叶树、鹅掌楸、椴树、珙桐、樟树、木棉、玉兰等。

（2）行道树　行道树是栽植在道路系统，如公路、街道、园路、铁路两侧，整齐排列，以遮阴、美化为目的的乔木树种。行道树是城乡绿化的骨干树，能统一、组合城市景观，体现城市与道路特色，创造宜人的空间。一般来说，行道树应具有树形高大、冠幅大、枝叶茂密、枝下高较高、耐修剪、根系发达、不易倒伏、抗逆性强等特点；还要有发芽早、落叶迟、干挺枝秀、花果美丽等景观特性。在园林实践中，完全符合以上特点的行道树种并不多。

常用的行道树种类有悬铃木、椴树、七叶树、枫香、银杏、鹅掌楸、香樟、广玉兰、大叶女贞、毛白杨、旱柳、栾树、银桦、杜仲、国槐、臭椿、复叶槭、元宝枫、油棕、大王椰子等。

（3）庭荫树　又称绿荫树、庇荫树。早期多在庭院中孤植或对植，以遮蔽烈日，创造舒适、凉爽的环境，后发展到栽植于园林绿地，以及风景名胜区等远离庭院的地方。其作用主要在于形成绿荫以降低气温，并提供良好的休息和娱乐环境。同时由于庭荫树一般均枝干苍劲、荫浓冠茂，无论孤植或丛栽，都可形成美丽的景观。温带地区的庭荫树一般多为冠大荫浓的落叶乔木，夏季可以遮阳纳凉，冬季人们需要阳光时又可以透光取暖。庭荫树一般要求：生长健壮，树冠高大，枝叶茂密，荫浓，荫质良好，冠幅大；无不良气味，无毒；病虫害少；根蘖较少；根部耐践踏或耐地面铺装所引起的通气不良条件；生长较快，适应性强，管理简易，寿命较长；树形或花果有较高的观赏价值等。

常用的庭荫树种类有梧桐、银杏、七叶树、国槐、栾树、朴树、大叶榉、香樟、榕树、玉兰、白蜡、元宝枫等。

（4）花灌木　花灌木通常是指具有美丽芳香的花朵或色彩艳丽的果实和茎干、姿态优美的灌木和小乔木。这类植物造型多样，能营造出五彩景色，被视为园林景观的重要组成部分。其适合于湖滨、溪流、道路两侧和公园布置，及小庭院点缀和盆栽观赏，还常用于切花和制作盆景。

常用的花灌木种类有榆叶梅、锦带花、连翘、丁香类、月季、山茶、杜鹃、牡丹、金丝桃、金丝梅、紫珠、火棘、枸骨、紫荆、扶桑、六月雪、红花檵木等。木槿、紫薇等虽呈现乔本状，但在北方园林中多体量不大，常以灌木形式栽培应用，故也常归于花灌木类。

（5）绿篱植物　绿篱植物是园林中密集列植代替篱笆、栏杆、围墙，起隔离、防护和美化作用的一类植物。绿篱植物一般要求枝叶稠密，叶片较小，耐修剪，萌蘖性强，适于密植，抗性强，易繁殖。根据功能和观赏要求绿篱有常绿篱、落叶篱、花篱、彩叶篱、果篱、刺篱、蔓篱和编篱等；根据高度又分为高篱（50~200cm）、中篱（介于高篱和矮篱之间）、矮篱（50cm以下）。

常用的绿篱植物种类有圆柏、侧柏、杜松、锦熟黄杨、小叶黄杨、大叶黄杨、金叶女贞、珊瑚树、火棘、紫叶小檗、贴梗海棠、黄刺玫、枸橘、水蜡、垂叶榕、金叶榕、叶子花、扶桑等。

（6）垂直绿化植物　垂直绿化植物是指绿化墙面、栏杆、山石、棚架等处的藤本植物。垂直绿化植物具有占地少、绿化面积大的优点，在增加环境绿量、提高绿化指数、改善生态方面具有积极的作用。

常用的垂直绿化植物以藤本为主，有紫藤、凌霄、地锦、常春藤、金银花、络石、葡萄、炮仗花，草本植物有牵牛、茑萝等。

（7）地被植物　地被植物是指那些低矮、匍匐的可以避免地表裸露、防止尘土飞扬和水土流失、调节小气候、丰富园林景观的草本和木本园林植物。地被植物是园林绿化的重要组成部分，可以应用在园林绿地中的空地、林下、树穴表面、路边、水边、堤坡等各种环境中。它们具有植株低矮、枝叶繁密、枝蔓匍匐、根茎发达、繁殖容易等特点。地被植物的合理应用可起到护坡固土、涵养水源、抑制杂草滋生、减少地面热辐射及美化等作用。与草坪相比，地被植物不仅观赏效果多样，更能节约养护成本。木本地被植物一般包括小灌木和藤本。草本地被植物广义上包括草坪植物及其他地被植物，后者指在庭园和公园内栽植的有观赏价值或经济用途的低矮草本植物。常见的木本地被植物有铺地柏、铺地龙柏、平枝枸子、箬竹、金银花、地锦、常春藤等。常见的草本地被植物有连钱草、蛇莓、玉簪、萱草、八宝景天、白三叶、鸢尾、红花酢浆草、土麦冬、水仙、香雪球、半枝莲、紫花地丁、石蒜等。

（8）花坛、花境植物　花坛、花境植物是指露地栽培，用于布置花坛、花境或点缀园景用的植物种类。花坛多用一、二年生花卉及球根花卉，如一串红、三色堇、郁金香、风信子等。低矮、观赏性强、耐修剪的灌木也可以用于布置花坛。花境多用宿根和球根花卉，如飞燕草、萱草、鸢尾类、美人蕉等。也可以用中小型灌木或灌木与宿根花卉混合布置花境。

（9）水生和湿生植物　水生和湿生植物是用于美化园林水体和布置于水边、岸边及潮湿地带的植物，多为草本花卉，如荷花、睡莲、千屈菜及各种水生和沼生的鸢尾等，也有少量是木本植物，如池杉、水杉等。

（10）岩生植物　用于布置岩石园的植物称为岩生植物。这类植物通常比较低矮、生长缓慢、对环境的适应性强，包括各种高山花卉及人工培育的低矮的植物品种，如白头翁、报春花类及矮生的针叶树等。

（11）室内植物　室内植物是指用于装饰和美化室内环境的植物，如杜鹃花、仙客来、一品红等，根据其观赏部位不同可以分为观花类、观叶类、观果类及观茎干类等。这类植物既可应用于室内花园，也可盆栽装饰各类室内外空间，后者也常称为盆栽花卉。

（12）切花花卉　切花花卉是指剪切花、枝、叶或果用以插花及花艺设计的植物总称，如现代月季、菊花、唐菖蒲等切花花卉，银芽柳等切枝花卉，以及蕨类、玉簪等切叶花卉。

4. 其他分类方法

（1）根据栽培方式分类

1）露地园林植物：是指主要生长发育阶段均能露地完成的园林植物如牡丹、芍药、鸢尾、月季等。

2）温室园林植物：是指必须利用温室条件进行栽培才能安全越冬、正常生长的园林植物，如凤梨、仙客来、蝴蝶兰等。

（2）根据经济用途分类

1）药用园林植物：如芦荟、麦冬、芍药、桔梗等。

2）香料园林植物：如薰衣草、玫瑰、桂花、茉莉花等。

3）食用园林植物：如菊花、百合、食用仙人掌等。

4）其他园林植物：包括纤维、淀粉和油料用园林植物。

学习情境二
园林植物与环境条件

【学习目标】

- 知识目标：1. 分析园林植物与温度的关系；
  2. 分析园林植物与光照的关系；
  3. 分析园林植物与水分的关系；
  4. 分析园林植物与土壤的关系；
  5. 分析园林植物与气体的关系。
- 能力目标：1. 能够根据园林植物和环境条件的关系进行归类；
  2. 能够按照园林植物对环境条件的适应性进行合理生产与应用。
- 素质目标：1. 培养学生分析问题、解决问题的能力；
  2. 培养学生尊重自然、保护环境的意识。

【学习内容】

温度、光照、水分、土壤、气体与园林植物的生长。

园林植物的生长，除了受自身遗传因子的影响外，还与环境条件有着密切的关系。一方面，应全方位、全地域、全过程加强生态环境保护；另一方面，我们要合理地栽培和应用植物，要充分了解生态环境的特点，如各个环境因子的状况及变化规律，包括环境的温度、光照、水分、土壤、气体等因子，掌握各环境因子对植物生长发育不同阶段的影响。

一、温度与园林植物的生长

温度是影响园林植物生长发育最重要的环境条件之一，园林植物的一切生命活动都是在一定的温度保障下才能正常进行的。温度的高低直接影响园林植物的分布、生长发育，以及体内的一切生理变化。

（一）温度变化规律及园林植物的分布

1. 温度在空间上的变化

地球表面各地的温度条件随所处的纬度、海拔高度、地形和海陆分布等条件的不同而有很大变化。从纬度来说，随着纬度升高，太阳高度角减小，太阳辐射量随之减小，温度也逐渐降低。一般纬度每升高1°，年均温下降0.5~0.7℃。随着海拔升高，虽然太阳辐射增强，但由于大气层变薄，大气密度下降，保温作用差，因此温度下降。一般海拔每升高1000m，气温下降约5.5℃。北半球南坡接受的太阳辐射最多，空气和土壤温度都比北坡高，但土壤温度一般西南坡比南坡更高，这是因为西南坡蒸发耗热较少，热量多用于土壤、空气增温，所以南坡多生长阳性喜温耐旱植物，北坡更适宜耐阴喜湿植物。

2. 温度在时间上的变化

我国大部分地区一年中根据气候寒暖、昼夜长短的节律变化，可分为春、夏、秋、冬四季。春季气候温暖，昼夜长短相差不大；夏季炎热，昼长夜短；秋季和春季相似；冬季则寒冷而昼短夜长。温度随昼夜变化，一般气温的最低值出现在凌晨日出前。日出以后，气温上升，在13：00~14：00达最高值，以后开始持续下降，一直到日出前为止。昼夜温差（日较差）一般随纬度的增加而减少。

3. 园林植物的分布

一方面，不同的地理纬度，形成不同的气候类型，因而分布着不同的园林植物，如热带、亚热带的椰子、变叶木、山茶等乔、灌木及蝴蝶兰、石斛兰等气生兰和仙人掌类花卉，温带的槐树、杨树、牡丹、玫瑰等乔、灌木及百合、芍药、萱草等花卉，寒带则以针叶树及生活周期很短的草本为主；另一方面，温度随海拔高度的增加而降低，因而同一地区但不同的海拔高度处也分布着不同的植物，如龙胆、雪莲、高山杜鹃、报春花和绿绒蒿等只分布在高海拔地区。

用于栽培的各种园林植物，由于原产地气候条件不同，对温度的要求也不同。通常根据园林植物对温度的适应性分为耐寒性园林植物、半耐寒性园林植物、不耐寒性园林植物三大类。

（1）耐寒性园林植物　这类园林植物原产于温带、寒带等冷凉地区，一般能耐 –10~–5℃的低温，能在我国寒冷地区露地越冬。包括：

1）大部分的二年生植物：如三色堇、石竹、金鱼草、蛇目菊、二月兰和花菱草等，幼苗露地越冬，以通过春化阶段。

2）落叶性宿根植物：如玉簪、金光菊和桔梗等，根系休眠、宿存土壤越冬。

3）秋植球根植物：如水仙、郁金香和风信子等，幼苗或成苗露地越冬；也有球根宿存土壤越冬，如郁金香，低温打破其叶芽和花芽的深休眠。

4）木本植物：如贴梗海棠、迎春、丁香、榆叶梅、金银花等。

（2）半耐寒性园林植物　这类园林植物原产于温带、暖温带或亚热带北缘，有一定的耐寒能力，能耐 –5℃以上的低温，通常只能忍受轻微霜冻，一般在长江流域一带能露地安全越冬，而在东北、华北和西北等地区需防寒才能越冬。这类园林植物在往北引种时须注意选择较抗寒品种，冬季应加强防寒保护。包括：

1）一部分二年生草花：如紫罗兰、桂竹香和烟草花等。

2）一些宿根花卉：如菊花、芍药和宿根福禄考等。

3）一部分落叶木本花卉和一些常绿树种：如月季、梅花、石榴、碧桃、夹竹桃、大叶黄杨、玉兰、五针松等。

4）一部分观赏竹类：如佛肚竹等。

（3）不耐寒性园林植物　这类园林植物原产于热带和亚热带地区，性喜高温环境，一般要求温度不低于5℃，耐热忌寒冷，生长期要求较高的温度，一般在无霜期内生长发育。不耐寒性园林植物在长江以北不能露地越冬，在华南和西南平原可露地越冬，在长江以南大部分地区需要保护地越冬。包括：

1）一年生草花：如鸡冠花、一串红和半枝莲等。

2）春植球根花卉：如晚香玉、美人蕉、大丽花、唐菖蒲和常绿性球根花卉如朱顶红、仙客来等。种球休眠，宿存在土壤越冬。在我国北方地区，一些种球要挖回储藏室内越冬，如晚香玉等。

3）常绿宿根花卉：如万年青、紫露草、吊兰、马蹄莲和龟背竹等，植株半休眠状态越冬，温度低于5℃，就会死亡。

4）温室花卉：观叶类木本花卉。

园林植物的耐寒能力与耐热能力是密切相关的。一般来说，耐寒能力强的园林植物一般不耐热。就园林植物种类而言，水生植物的耐热能力最强，其次是一年生草本植物及仙人掌类。球根植物的耐热能力最差。耐热性差的园林植物夏季栽培养护的关键是注意通风降温，而耐寒性差的园林植物往往需要在保护地越冬。

（二）温度与园林植物的生长发育

1. 园林植物的温度三基点

植物只有在一定的温度范围内才能够生长。温度对生长的影响是综合的，它既可以通过影响光合、呼吸、蒸腾等代谢过程，也可以通过影响有机物的合成和运输等代谢过程来影响植物的生长，还可以通过直接影响土壤温度、气温，进而影响水肥的吸收和输导来影响植物的生长。

由于参与代谢活动的酶的活性在不同温度下有不同的表现，所以温度对植物生长的影响也有最低温度、最适温度和最高温度三基点。植物只能在最低温度与最高温度范围内生长。虽然生长的最适温度是生长最快的温度，但这并不是植物生长最健壮的温度。因为在最适温度下，植物体内的有机物消耗过多，植株反而长得细长柔弱。因此在生产实践上，常常要求低于生物学最适温度，这个温度称为协调的最适温度。在此温度下，园林植物不仅生长很快，而且非常健壮，不徒长。

不同植物生长的温度三基点不同，这与植物的原产地气候条件有关。原产热带或亚热带的植物，温度三基点偏高，分别为10℃、30~35℃、45℃；原产温带的植物，温度三基点偏低，分别为5℃、25~30℃、35~40℃；原产寒带的植物，温度三基点更低，北极或高山上的植物可在0℃或0℃以下的温度生长，最适温度一般很少超过10℃。

同一植物的温度三基点还随器官和生育期而异。一般根生长的温度三基点比芽的低。例如，苹果根系生长的最低温度为10℃，最适温度为13~26℃，最高温度为28℃；而地上部分器官的温度三基点均高于根系。多数一年生园林植物，从生长初期经开花到结实这3个阶段中，生长最适温度是逐渐上升的，这种要求正好同从春季到早秋的温度变化相适应。播种太晚会使幼苗过于旺长而衰弱，同样如果夏季温度不够高，也会影响生长而延迟成熟。

2. 温周期作用

温周期作用即温度周期性的变化对花卉生长发育的影响。温度周期性变化包括两个方面，一是温度昼夜变化，即昼夜温差现象，也叫温度日周期性；二是温度季节性变化，即季节温差现象，也叫温度年周期性。

昼夜温差现象是在白天和夜间，植物分别处于光期和暗期两个不同时期进行生理活动。白天植物以光合作用为主，高温有利于光合产物的形成；夜间植物以呼吸作用为主，温度降低可以减少内部物质的消耗，有利于糖分积累，而且在低温下也有利于根的生长，提高根冠比。所以在昼夜温差适宜的条件下，植物生长发育良好。一般来讲，热带植物需要昼夜温差是3~6℃；温带植物需要昼夜温差是5~7℃；沙漠植物需要昼夜温差是10℃以上。块根、块茎和球茎等球根花卉，在昼夜温差较大的条件下，生长较好，有利于地下储藏器官的形成、膨大，从而提高产量。

3. 温度对园林植物花芽分化及发育的影响

温度是影响园林植物花芽分化及发育的重要因子。园林植物在生长发育过程中，花芽分化和发育所要求的适温也有所不同，大体分为两种情况。

（1）低温春化　一些园林植物（秋播二年生及许多需冬季休眠的多年生园林植物）在生长发育过程中要求必须通过一个低温周期，才能进行花芽分化、现蕾、开花，这种刺激过程叫春化作用。依据不同植物所要求的低温值和通过低温时间的不同，可将园林植物分为3种类型：

1）冬性园林植物。二年生园林植物多数为冬性园林植物，如金盏菊、雏菊、金鱼草、洋地黄等，早春开花的多年生园林植物一般也属于此类。这类园林植物秋季播种后，以幼苗状态度过严寒的冬季，在0~10℃的低温下，经30~70天即可满足对低温的要求而通过春化阶段。若这些园林植物在已经转暖的春季播种，因不能满足春化作用对低温的要求，所以不能正常开花。

2）春性园林植物。一般一年生园林植物为春性园林植物。在秋季开花的多年生园林植物通过春化阶段时也要求较高的温度。这类园林植物春化阶段要求的低温较冬性园林植物高，一般为

5~12℃，所需时间也较短，一般为5~15天。

3）半冬性园林植物。有许多园林植物，介于上述两种类型的园林植物之间。在通过春化阶段时，对温度的要求不太敏感，在3~15℃的较宽温度范围内经15~20天都可完成春化作用。

（2）高温春化　有些园林植物要在20℃甚至25℃以上的温度才能通过春化阶段进行花芽分化，这种情况属于高温春化。例如，千日红、鸡冠花、紫茉莉、含羞草、长春花、一串红等；许多木本园林植物也属于此类，如杜鹃、山茶、梅花、樱花、紫藤等多在6~8月份气温高时进行花芽分化；许多春植球根类园林植物如唐菖蒲、晚香玉、美人蕉等也在夏季生长期于较高温度下进行花芽分化；而郁金香、风信子、水仙等秋植球根类园林植物是在夏季休眠期进行花芽分化。

温度对于分化后花芽的发育也有很大影响，有些植物种类花芽分化温度较高，而花芽发育则需一段低温过程，如一些春花类木本花卉。例如，郁金香在20℃左右处理20~25天，促进花芽分化；然后在2~9℃下处理50~60天，促进花芽发育；再在10~15℃下进行处理，促进生根。

4. 温度对园林植物花色及花品质的影响

温度是影响植物花色的主要环境因子之一。一般来讲，温度升高，花色变浅，如落地生根在高温下（弱光下）开花几乎不着色；月季的粉红品种，低温下呈深红色，高温下呈白色；蓝白复色的矮牵牛，蓝色部分或白色部分的多少受温度的影响，在30~35℃高温下，花呈蓝色或紫色，而在15℃下呈白色，在上述两种温度之间时，则呈蓝色和白色的复色花；原产墨西哥的大丽花适宜在寒冷地区栽培，即使盛夏也能达到花大色艳，但在暖地栽培，一般炎夏不开花，即使有花，也是花色暗淡，至秋凉后才有可能变鲜艳。此外，温度对花色的影响，还与园林植物本身的习性有关，喜高温的园林植物在高温下花朵色彩艳丽，如荷花、半枝莲、矮牵牛等；而喜冷凉的园林植物，如遇30℃以上的高温则花朵变小，花色暗淡，如虞美人、三色堇、金鱼草、菊花等。

温度还会影响植物的花香，多数园林植物开花时，若气温较高、阳光充足，则花香较浓；而不耐高温的园林植物遇高温时香味变淡。这主要是由于参与各种芳香油形成的酶类的活性与温度有关，花期如果气温高于适温，花朵会提前脱落。高温干旱条件下花朵香味持续时间较短。

5. 极端温度对植物的影响

在园林植物生长发育过程中，突然的高温或低温，会打乱其体内正常的生理生化过程而造成伤害，严重时会导致死亡。

（1）低温伤害　常见的低温伤害有寒害和冻害。寒害又称为冷害，是指0℃以上的低温对植物造成的伤害，多发生于原产热带和亚热带南部地区喜温的植物。冻害是指0℃以下的低温对植物造成的伤害。不同植物对低温的抵抗力不同，同一植物在不同的生长发育时期，对低温的忍受能力也有很大差别。休眠种子的耐寒力最高，休眠植株的耐寒力也较高，而生长中的植株耐寒力明显下降。经过秋季和初冬冷凉气候的锻炼，可以增强植株忍受低温的能力。因此，植株的耐寒力除了与本身遗传因素有关外，在一定程度上也是在外界环境条件作用下获得的。增强园林植物的耐寒力是一项重要工作。

（2）高温伤害　高温同样可对植物造成伤害，当温度超过植物生长的最适温度时，植物生长速度反而下降，如果继续升高，则植株生长不良甚至死亡。一般当气温达35~40℃时，很多植物生长缓慢甚至停滞；当气温高达45~50℃时，除少数原产热带干旱地区的多浆植物外，绝大多数植物会死亡。为防止高温对植物的伤害，应经常保持土壤湿润，以促进蒸腾作用的进行，使植物体温降低。在栽培过程中常采取灌溉、松土、叶面喷水、设置荫棚等措施以免除或降低高温对植物的伤害。

二、光照与园林植物的生长

光照是园林植物必不可少的生存条件之一，是园林植物制造有机物的能量源泉，光照对园林植物生长发育的影响主要体现在3个方面，即光质、光照强度、光周期。

（一）光质对园林植物的影响

太阳辐射到地球上的光包括紫外光、可见光、红外光，对园林植物生长起着重要作用的部分是可见光。可见光的组成光为红光、橙光、黄光、绿光、蓝光、紫光，其中对光合作用及作物生长最有效的光是红光和橙光，其次是黄光。在太阳直射光中，红光和黄光只占37%，而在散射光中占50%~60%，可满足半阴性园林植物的生长需要，且散射光对半阴性及弱光性园林植物的效用大于直射光。紫外光可抑制茎的徒长，因直射光中紫外光比例大于散射光，所以直射光可防止园林植物徒长及促进矮化。

不同波长的光对植物生长发育的作用不同，一般认为长波光（红外光、红光、橙光）有利于植物有机物的合成，加速长日照植物的发育，延迟短日照植物的发育，可以促进种子、孢子萌发及茎的加长生长。短波光（蓝光、紫光、紫外光）可以促进植物的分蘖，抑制植物伸长，还能促进花青素的形成，促使花色、果色艳丽，如高海拔地区及热带地区紫外光较多，园林植物的花色都十分鲜艳。对植物的光合作用而言，以红光的作用最大，其次是蓝光；红光有助于叶绿素的形成，促进二氧化碳的分解与有机物的合成，蓝光则有助于有机酸和蛋白质的合成。绿光及黄光则大多被叶片所反射或透过而很少被利用。

光质还影响光敏素的转化，从而直接影响园林植物不同需光性种子的萌发，如红光有利于秋海棠、报春花等需光性种子的萌发，播种时必须注意浅土薄覆；而忌光性的种子则需覆土较多，如喜林草属的观赏植物、仙客来等。

（二）光照强度对园林植物的影响

光照强度及其规律性变化（季节变化、日变化等）对观赏植物的生长发育具有非常重要的影响。

首先，光照强度影响植物茎干和根系的生长。在适宜光照强度下，植株机械组织发达，叶绿体完整，叶片、花瓣发育良好、外观大而厚。在强光照下，大部分现成的激素被破坏，幼苗根部的生物量增加，甚至可以超过茎部生物量的增长速度，表现为节间变短，茎变粗，根系发达，植株根冠比增大，很多高山植物节间强烈缩短成矮态或莲座状便是很好的例证；而在较弱的光照条件下，激素未被破坏，净生物量多用于茎的高生长，表现为幼茎的节间充分延伸，形成细而长的茎干，而根系发育相对较弱。同种同龄树种，在植物群落中生长的由于光照较弱，因而茎干细长而均匀，根量稀少；而散生的由于光照充足，则茎干相对较矮，根系生物量较大。

其次，光照强度影响植物的开花。光照充足能促进植物的光合作用，积累更多的营养物质，有助于植物开花。同时，由于植物长期对光照强弱的适应不同，开花时间也因光照强弱而发生变化，如半枝莲、大花酢浆草等必须在强光下开花，日落后闭合；晚香玉、紫茉莉、月见草等在光照由强变弱的傍晚时开花，第二日日出时闭合；昙花在21:00之后开花，午夜后闭合；牵牛花、大花亚麻等则在晨曦光照由弱变强时开花，午前闭合。多数园林植物是晨开夜合。在自然状况下，植物的花期是相对固定的，如果人为的调节光照改变植物的受光时间则可控制花期以满足人们造景的需要。

最后，光照强度还影响园林植物的叶色和花色。光照充足可促进叶绿素的合成，使叶色深绿；反之，叶色变浅及黄化。叶绿体在强光下可以合成较多的胡萝卜素（橙色或橙红色）和叶黄素（色），因此一些园林植物的叶片在不同光照强度下呈现不同的颜色或在叶片的不同部位分布不同的色素，从而提高了观赏价值。例如，红桑、红枫、红叶朱蕉、南天竹、彩叶草等，叶片可呈现黄色、橙色、红色等不同颜色；而金边吊兰、金边龙舌兰、变叶木、金边瑞香等植物的叶片则在不同部位分布不同色素。另外，斑叶植物（如花叶绿萝、花叶常春藤等）在弱光下，由于缺少短波光和紫外光，致使斑叶减少，斑块变小，甚至叶片全部变成深绿色。光照强度对花色也有影响，强光下紫外线较多，能促进花青素的形成，因此花色、果色艳丽。

不同种类的园林植物对光照强度的要求有所不同，依此可把园林植物大致分为阳性植物、阴性植物、中性植物3种类型。

1. 阳性植物

阳性植物又称为喜光植物。一般原产于热带及暖温带平原、高原，以及高山阳面岩石的均为阳性植物，通常具有较高的光补偿点（平均相当于全光照的3%~5%）和光饱和点（相当于全光照的100%）。这类园林植物喜光，不耐阴，全光照条件下才能正常生长，大多具有抗高温干旱的能力。若光照不足，则易于徒长，且组织柔软细弱，叶片颜色变淡、发黄，根冠比变小，花小而少，花色、花香变淡，甚至不开花，易染病虫害。阳性植物主要包括：多数一、二年生植物及宿根花卉，如半枝莲、一串红、鸡冠花、百日草、凤仙花、菊花等；大部分多浆植物，如仙人掌科、景天科和番杏科等；大部分观花、观果木本植物，如牡丹、紫薇、月季、蔷薇、木槿、夹竹桃、石榴等；少数观叶植物，如苏铁、棕榈、芭蕉、橡皮树等。

2. 阴性植物

阴性植物又称为喜阴植物，多自然生于热带雨林下，或山背阴坡、山沟溪涧或林下。一般植物体内含水分多，机械组织不发达，木质化程度低，叶片薄而栅栏组织不发达。这类观赏植物喜散射光，不能忍受强烈的直射光，具有较强的耐阴能力和较低的光补偿点，一般相当于全光照的0.5%~1%，只有在遮阴条件下才能正常生长。在气候干旱或炎夏季节，通常要求遮阴达到50%~80%。阴性观赏植物主要是多数观叶植物和少数观花植物，如蕨类、凤梨科、兰科、苦苣苔科、天南星科、竹芋科及文竹、玉簪、八仙花、一叶兰、大岩桐等。

3. 中性植物

中性植物多原产于热带、亚热带，对光照强度的要求介于上述两者之间。这类观赏植物一般喜欢阳光充足的环境，但适应能力较强，具有一定的耐阴能力，在微阴条件下也能生长良好。生长期间，尤其夏季光照过强时，适当遮阴有利于生长。中性植物的耐阴能力与土壤营养、温度、水分等条件有一定关系，在营养丰富、温度适宜、水分充足条件下，耐阴性较强。中性观赏植物主要有：草本植物的紫罗兰、三色堇、花毛茛、麦条、香雪球、紫茉莉、翠菊等；木本植物的海桐、忍冬、紫楠、蜡梅、枸骨、山茶、樱花等。

（三）光周期对园林植物的影响

光周期是指一日中白昼与黑夜交替的时数，或指一日内日照的长度。光周期现象是指植物的生长发育尤其是花芽分化对日照长短的反应。光周期不仅可以控制某些园林植物的花芽分化、发育和开放过程，而且还可以影响园林植物的其他生长发育，如分枝习性、器官的衰老、脱落和休眠及球根植物地下器官的形成等。

各种园林植物花芽分化和开放过程所需要的日照时数不同。也就是说，各种园林植物都依赖于一定的白昼长度和黑夜长度的相互交替，才能诱导花芽的发生和开放。依据园林植物对日照时数的要求可以分为长日照植物、短日照植物、中间性植物。

1. 长日照植物

长日照植物要求通过较长时间的日照（每天日照长度超过12h）才能开花。一般每天要有14~16h日照长度，才能促进开花，如果给以昼夜不间断的光照，则有更好的促进作用。相反，如果给以短日照，便不开花或延迟开花。长日照观赏植物自然花期多为春末或夏季，如唐菖蒲、福禄考、紫罗兰、金盏菊、瓜叶菊等。通常原产于偏离赤道较高纬度的南温带和北温带地区的植物为长日照植物。

2. 短日照植物

短日照植物通过较短时间的日照就能开花。通常每天8~12h或更短时间的日照，可以促进开花，而在较长日照下便不能开花或延迟开花。短日照植物自然花期多为秋冬季，如菊花、长寿花、一品红等。通常原产于赤道附近低纬度的热带和亚热带地区的植物为短日照植物。

3. 中间性植物

中间性植物对日照时间长短不敏感，适应范围较宽，只要温度适宜，在较长或较短日照条件下都能开花。中间性植物主要包括一些原产于温带的二年生观赏植物或宿根类观赏植物，如凤仙花、五色椒、香石竹、非洲菊、荷兰菊等，以及许多木本观赏植物，如木槿、栀子、月季等。

日照长短能影响某些观赏植物的营养繁殖，如某些落地生根属的种类，其叶缘上的幼小植物体只能在长日照下产生；虎耳草腋芽只能在长日照条件下才能发育成匍匐茎。日照长短也会影响禾本科植物的分蘖，长日照下有利于分蘖形成。日照长短还会影响球根植物地下部分的形成和生长，一般短日照能促进观赏植物块根、块茎的形成和生长，如菊芋在长日照下只能产生匍匐茎，不能使之加粗，只有在短日照下才能发育成块茎；大丽花块根的发育对日照长短也很敏感，有一些变种，在正常日照条件下不易很快产生块根，但经短日照处理后就能诱导形成块根，并且以后在长日照条件下也能继续形成块根。日照长短对温带观赏植物的休眠也有重要影响，通常短日照促进休眠，长日照促进生长，但也有在长日照下进入休眠的观赏植物，如水仙、石蒜、仙客来、郁金香、小苍兰等。

植物的春化作用和光周期反应两者之间有密切的关系，既相互关联，在某些条件下又可互相代替。许多春化要求敏感的园林植物往往对光周期反应也很敏感，如一些长日照园林植物，在高温条件下，即使处于长日照环境也不能开花或使花期大大延迟，这是由于高温"抑制"了长日照对发育的影响。在自然条件下，长日照和高温（夏季），短日照和低温（冬季）总是相互伴随的。另外，短日照处理在某种程度上可以代替某些植物对低温的要求；在某些情况下，低温也可以代替光周期的作用。因此，在生产中应把光周期和温度因子结合起来进行分析和利用。

（四）光照对园林植物形态的影响

光照对园林植物生长的影响最终以外部形态的方式表现出来。

光照强弱影响叶片形态。一般在全光照或光照充足的环境下生长的叶片属于阳生叶，具有叶片短小、角质层较厚、叶绿素含量较少等特征；而在弱光条件下生长的植物叶片属于阴生叶，表现为叶片排列松散、叶绿素含量较多等特点。

树体随光照强弱形成相应的树冠结构。一般喜光树种树冠较稀疏，透光性强，自然整枝良好，枝下高长，树皮通常较厚，叶色较浅，叶层较厚；喜阴树种树冠较致密，透光度小，自然整枝不良，枝下高短，树皮通常较薄，叶色较深，叶层厚；而中性树种介于两者之间。在树冠中的不同位置，植物叶片可能形成不同的类型。一般喜光树种由于其树冠特征，大部分叶片都属于阳生叶；而喜阴树种由于树冠比较浓密、叶层较厚等特征，会有阳生叶和阴生叶之分，外层接受阳光照射的叶片多属于阳生叶，而内部弱光下的叶片多属于阴生叶。

三、水分与园林植物的生长

水分在植物的生长发育、生理生化过程中有着重要的作用。水分是植物体的基本组成部分，植物体内的一切生命活动都是在水的参与下进行的。

（一）水分与园林植物的生态类型

植物生长离不开水，但各种植物对水分的需要量是不同的。一般阴性植物要求较高的湿度，阳性植物对水分要求相对较少。根据植物对水分需求量的不同，可将园林植物分为旱生植物、中生植物、湿生植物和水生植物4种生态类型。

1. 旱生植物

在干旱的环境中能长期忍受干旱而正常生长发育的植物类型。本类植物多见于雨量稀少的荒漠地区和干燥的低草原上，个别的也可见于城市环境中的屋顶、墙头、危岩陡壁上。根据它们的形态和适应环境的生理特性又可分为少浆植物（或硬叶旱生植物），如柽柳、胡颓子、桂香柳；多浆植物（或肉质植物），如龙舌兰、仙人掌；冷生植物（或干矮植物），如骆驼刺3类。

2. 中生植物

比较适应生长在水湿条件下的植物。大多数植物属于中生植物，不能忍受过干和过湿的条件，如香樟、枫香、苦楝、梧桐等。

3. 湿生植物

适宜生长在水分比较充裕的环境下，不能忍受长时间的水分不足，抗旱力最弱的陆生植物。在土壤短期积水时可以生长，过于干旱时易死亡或生长不良。根据实际的生态环境又可分为阳性湿生植物，如鸢尾、落羽杉、池杉、水松；阴性湿生植物，如蕨类、海芋和秋海棠等。

4. 水生植物

生长在水中的植物为水生植物。它们又可分为3类：挺水植物，如芦苇、香蒲；浮水植物，包括半浮水型如睡莲、萍蓬草和全浮水型如浮萍、满江红；沉水植物，如金鱼藻、苦草等。

（二）园林植物不同生长发育阶段对水分的需求

同一种园林植物在生长发育的不同阶段，对水分的要求也往往不同。

1. 种子萌芽期

需要较高的土壤湿度，因为种子发芽需要充足的水分。种子发芽是种子吸水膨胀，种皮变软，种子内进行酶促反应、呼吸作用，胚根、胚芽突破种皮而萌发的过程。

2. 幼苗期

幼苗细弱，根系刚开始生长，应保持表层土适度湿润，下层土适当干燥，才有利于幼根下扎。过湿、过干都影响根系下扎。幼苗抗旱力弱。这时应采用"多次少量"的浇水方法。

3. 成长期

这时应根据园林植物对水分的要求及其浇水原则浇水，一般给予适当的水分，使之生长旺盛。但为了防止苗木徒长、植株老熟，应降低土壤湿度。降低土壤湿度有利于枝条停止伸长生长，使体内储藏的营养物质集中供应花芽分化。

4. 开花期

对于观花类植物，为了延长花期，应尽量少浇水。土壤含水量过多则花朵会很快完成授粉而凋谢、败落。对于观果类植物则应供应充足的水分，以促进和满足果实生长发育的需要。

5. 种子成熟期

种子形成需要较多的水分，便于养分输送（灌浆）。种子灌浆后则需要较低的土壤湿度和空气湿度，有利于种子成熟。

（三）水分对园林植物开花结实的影响

水分的供应状况会影响花芽分化和伸长，控制对观赏植物的水分供应，以控制营养生长，促进花芽分化，在园林植物栽培中已得到广泛应用，如梅花的"扣水"、盆栽金橘的控水。球根类园林植物在含水量较少时，花芽分化较早；早掘的球根或含水量高的球根，则花芽分化延迟，如球根鸢尾、水仙、风信子、百合等用30~35℃的高温处理，可使其脱水而达到花芽提早分化和促进花芽伸长的目的。

水分的供应还会影响花色的显现。在适当的湿度下，花的色彩才能正常显现。一般在水分不足时，色素形成较多，花色变深，水分对花色影响比较明显的观赏植物有蔷薇、菊花等。

在开花结实期若土壤水分过多，则会对植物产生不利影响；若土壤水分过少，则造成落花落果，并最终影响植物种子质量。土壤含水量还影响产品的品质，植物氮素和蛋白质含量与土壤水分有直接的关系。据报道，在大陆性气候区，有利于植物体氮和蛋白质的形成和积累；土壤含水量减少时，淀粉含量相应减少，木质素和半纤维素有所增加，纤维素不变，果胶质减少；脂肪的含量与蛋白质含量相反，土壤含水量与脂肪含量可成正比关系。

（四）水分的其他形态对园林植物的影响

1. 雪

在寒冷的北方，降雪可覆盖大地，有增加土壤水分、保护土壤、防止土壤温度过低、避免结冻过深、有利植物越冬等作用。但是在雪量较大的地区，树木会受到雪压，引起枝干倒折的伤害。

2. 冰雹

会对树木造成不同程度的损害。

3. 雨凇、雾凇

会在树枝上形成一层冻壳，严重时，使树枝折断。一般以乔木受害较多。

4. 雾

多雾即空气中的相对湿度大，虽然能影响光照，但一般而言，对树木的繁茂是有利的。

（五）水分缺乏对植物的影响

水分缺乏表现为植物的消耗增加，生长减慢。水分的缺乏使植物体内合成酶活性降低而分解酶活性增加，这样就会使合成物质减少，甚至使体内已合成的物质发生水解，植物体功能受阻，从而生长缓慢、停止甚至过度消耗。

水分缺乏导致大量叶片萎蔫、脱落。外界的水分缺乏造成植物体内水分的缺乏，植物为维持生存将体内水分重新分配，一些老叶由于渗透压低，叶片内的水分被幼叶夺走，体内的一些营养物质也会向幼叶转移，加上由于缺水造成叶绿体的蛋白质合成能力减退，从而更加速了老叶的老化、干枯。

水分缺乏使植物体内的淀粉、糖、蛋白质、植物碱等的含量下降，钙镁盐等的含量有所上升，从而降低了植物产品的品质。

水分缺乏造成了植物体内正常的代谢紊乱，抗性下降，因此容易引起各种病虫害、病原菌，以及各种污染物质的侵袭，加剧了植物的受害程度。

四、土壤与园林植物的生长

土壤是植物生存和生长发育的基础，如何满足园林植物的土壤需求，调节好园林植物与土壤之间的适应性，是园林植物生长发育良好并发挥效益的起点。

（一）土壤质地与结构对园林植物的影响

土壤是由固体、液体和气体组成的三相系统，其中固体颗粒是组成土壤的物质基础。土粒按直径大小分为粗砂（0.2~2.0mm）、细粒（0.02~0.2mm）、粉砂（0.002~0.02mm）和黏粒（0.002mm以下）。这些大小不同的土粒的组合称为土壤质地。根据土壤质地可把土壤分为沙土、壤土和黏土。

1. 沙土

含沙粒多、疏松、间隙大、通透性好、蓄水保肥力差、有机质含量低、后劲差。做基质或扦插基质，适合球根花卉和耐旱的多肉植物生长。

2. 壤土

沙粒比例适中，不紧不松，通透性好，蓄水保肥力也好，水热气肥比较协调，适合大多数植物生长，是理想的园林植物栽培土壤。

3. 黏土

含黏粒多、黏重、间隙小、通透性差、蓄水保肥力强。适合油茶、柳树、桑树生长，对大多数园林植物不利。

土壤结构是指固体颗粒的排列方式、孔隙的数量和大小，以及团聚体的大小和数量等。最重要的土壤结构是团粒结构（直径为 0.25~10mm），团粒结构具有水稳定性，由其组成的土壤，能协调土壤中水分、空气和营养物之间的关系，改善土壤的理化性质。土壤质地与结构常常通过影响土壤的物理化学性质来影响生物的活动。

（二）土壤养分对园林植物的影响

土壤养分是植物生长发育的基础，不同的土壤类型对植物的供养能力不同。通常，按照植物对土壤养分的适应状况将其分为不耐瘠薄植物和耐瘠薄植物。

1. 不耐瘠薄植物

不耐瘠薄植物对土壤养分的要求较严格，营养稍有缺乏就能影响其生长发育。在养分供应充足时，植物生长较快，长势良好，一般具有叶片相对发达、枝繁叶茂、开花结实量相对增多等特征。特别是一、二年生园林草本植物，大多对养分的要求高，养分缺乏时，不但生长受到抑制，而且开花量及品质都会下降，甚至不开花。木本植物中不耐瘠薄的有械树、核桃楸、水曲柳、椴树、红松、云杉、白蜡、榆树、乌桕、香樟、玉兰、水杉等。绿地土壤养分缺乏的现象较为常见，因此在选择园林植物时，要充分考虑其对土壤养分的要求，并采取相应的措施保证园林植物的正常生长。

2. 耐瘠薄植物

耐瘠薄植物是指对土壤中的养分要求不严格，或能在土壤养分含量低的情况下正常生长的植物类型。这包括两种含义，一种是植物对土壤的养分要求不严，能耐普遍的养分缺乏，虽然该种类型能正常生长但由于养分缺乏，生长较慢；另一种是植物体本身对养分要求较高，但本身具有发达的根系及相关特征如菌根等，可从瘠薄的环境中获得充足的营养，从而适应不同的土壤类型。耐瘠薄植物种类较多，特别是一些曾长期生长在瘠薄环境中，后又被引种栽培的植物。木本植物中的丁香、树锦鸡儿、樟子松、油松、旱柳、刺槐、臭椿、合欢、皂荚、马尾松、木麻黄、紫穗槐、沙棘、构树，草本植物中的画眉草、结缕草、马蔺、地被菊、荷兰菊等均属于此类植物。在绿地土壤养分含量较低的情况下，应优先考虑种植耐瘠薄植物。

（三）土壤酸碱性对园林植物的影响

一般植物对土壤pH的适应范围在 4~9 之间，但最适范围在中性或近中性范围内。对于特定植物来讲适应范围有所不同。当土壤的酸碱度超出适应范围时，园林植物就会生长发育不良甚至死亡。按照园林植物对土壤酸碱性的要求可分为酸性土植物、碱性土植物、中性土植物和宽性植物。

1. 酸性土植物

在 pH 为 6.5 以下的酸性或微酸性土壤条件下生长良好或正常的植物，如马尾松、红松、杜鹃、油桐、山茶、金花茶、凤梨类、兰类、蕨类等。

2. 碱性土植物

在 pH 为 7.5 以上的碱性或微碱性土壤条件下生长良好或正常的植物，如柽柳、紫穗槐、沙棘、沙枣、枸杞、榆叶梅、侧柏、槐树、补血草等。

3. 中性土植物

在 pH 为 6.5~7.5 的土壤条件下生长良好或生长正常的植物。大多数的乔木、灌木和草本属于中性土植物。

4. 宽性植物

这类园林植物对土壤pH的适应范围较广，在 pH 为 5.5~8.5 的土壤条件下均能正常生长。

土壤的酸碱度不仅会影响园林植物正常的生长发育，还会影响某些观赏植物的花色。比较典型的如八仙花，八仙花的花色与细胞中铝和铁的含量高低关系密切。在土壤pH低的酸性土壤中，八仙花可以吸收到充足的铝离子和铁离子,花色呈现蓝色;而在 pH 较高的土壤中,八仙花吸收的铝离子和铁离子少,花色呈现粉红色。

部分园林植物适宜的土壤 pH 见表 2-1。

表 2-1 部分园林植物适宜的土壤 pH

适宜 pH	植物种类
4.0~4.5	欧石南、凤梨科植物、八仙花
4.0~5.0	紫鸭跖草、兰科植物
4.5~5.5	蕨类植物、锦紫苏、杜鹃花、山杨、臭冷杉、茶、柑橘
4.5~6.5	山茶花、马尾松
4.5~6.5	杉木
4.5~7.5	结缕草属植物
4.5~8.0	白三叶
5.0~6.0	丝柏类植物、山月桂、广玉兰、铁线莲、藿香蓟、仙人掌科、百合、冷杉
5.0~6.5	云杉属植物、松属植物、棕榈科植物、椰子类植物、大岩桐、海棠、西府海棠
5.0~7.0	毛竹、金钱松
5.0~7.8	早熟禾
5.0~8.0	乌桕、落羽松、水杉、黑松、香樟
5.2~7.5	羊茅、紫羊茅
5.5~6.5	樱花、龟背竹、喜林芋、海南红掌、仙客来、菊花、蒲包花、倒挂金钟、美人蕉
5.5~7.0	朱顶红、桂香竹、雏菊、印度橡皮树
5.5~7.5	紫罗兰、贴梗海棠
6.0~6.5	兴安落叶松、樟子松、红松、杉松、蒙古栎、日本黑松
6.0~7.0	花柏类植物、一品红、秋海棠、灯芯草、文竹
6.0~7.5	郁金香、风信子、水仙、非洲紫罗兰、牵牛花、三色堇、瓜叶菊、金鱼草、紫藤
6.0~8.0	火棘、枸子木、泡桐、榆树、杨树、大丽花、花毛茛、唐菖蒲、芍药、庭荠
6.5~7.0	四季报春、洋水仙
6.5~7.5	香豌豆、金盏花、勿忘草、紫菀
7.0~7.5	油松、杜松、辽东栎
7.0~8.0	仙人掌类、石竹、木堇
7.5~8.5	毛白杨、白皮松
8.0~8.7	侧柏、刺松、白榆、刺槐、国槐、苦栎、臭椿、紫穗槐、皂荚、柏木、朴树、红树、胡杨、沙枣、沙棘、甘草、柽柳、秋茄树、茄藤

(四)盐渍土对园林植物的影响

土壤盐渍化是指易溶性盐分在土壤表层积累的现象或过程,也称为盐碱化。可根据园林植物对盐渍土的耐受程度将其分为耐盐植物和不耐盐植物。一般认为盐分对植物的危害程度为氯化镁>碳酸钠>碳酸氢钠>氯化钠>氯化钙>硫酸镁>硫酸钠,不同植物对土壤含盐量的适应性不同,有的较强,有的较弱。

(五)土壤通气性对园林植物的影响

不同植物对土壤通气性的适应力不同。有些植物能在较差的通气条件下正常生长,土壤水分含量较多，造成土壤空气含量的减少，只能适于耐水湿、耐低氧植物的生存；有的植物要在容气量为15%以上时才能生长良好。一般来讲，土壤容气孔隙占土壤总容量的10%以上时，大多数植物能较好生长。较好的通气性有助于植物根系的发育和种子萌发，因此在园林苗圃等经常用沙质土进行幼苗培育。

（六）土壤紧实度对园林植物的影响

土壤紧实度是指土壤紧实或疏松的程度，一般用土壤容重和土壤硬度来表示。植物对土壤的紧实度有一定要求，紧实度过小，不能充分保持土壤中的养分和水分等，植物难以生长。紧实度过大，对植物生长同样不利：首先，土壤过于紧实会抑制根系的生长和发育；其次紧实度大的土壤通透性较差，下渗水量较少，容易造成地表径流，如果地势较低，很容易积水，而在干旱时由于毛细管畅通，失水也较多，因此对植物水分的供给减少；最后，土壤过于紧实会大大减少土壤微生物的数量，特别是其与根系的共生体系减少，使养分的提供和对养分的吸收都会受到严重的影响，造成植物对养分的缺乏，从而使生长受到抑制，甚至长势衰弱而死。

五、气体与园林植物的生长

空气中的各种气体，有的是园林植物生长发育所必需的，有的则相当有害。随着工业的不断发展，资源环境约束趋紧、环境污染等问题突出，空气污染也日趋严重。但也有一些园林植物具有抵抗污染的能力，污染区应栽植与之相适应的抵抗污染的植物。如果不抗污染，就会浪费人力和物力，达不到绿化、美化和净化的效果。

（一）氧气（O_2）

大气中的 O_2 平均含量是21%，植物地上部呼吸作用是不缺氧的。某一地区的植物种类和数量越多，空气中 O_2 含量越多。

植物对 O_2 的需求主要是根系同样要进行呼吸作用。如果土壤紧实或板结、水分过多，就会通气不畅，气体不能随时交换，根系呼出的 CO_2 大量聚集在土壤中，又造成土壤缺氧。土壤缺 O_2，根系呼吸作用不能正常进行，新根不能萌发，老根无法生长，厌气性的有害细菌大量滋生，根系就会腐烂，导致园林植物死亡。松土使土壤保持团粒结构，O_2 可以透过土层到达根系，以供根系呼吸，也可使土壤中 CO_2 同时散出到空气中，有利于园林植物的生长发育。

（二）二氧化碳（CO_2）

空气中 CO_2 的平均含量约为0.03%。据试验，空气中 CO_2 含量增加到0.3%时，光合作用强度也会随之增加；CO_2 含量增加到3%时，光合作用即会停止。也就是说，在0.03%~0.3%范围内，增加 CO_2 含量，可促进光合作用强度。但在增加 CO_2 的同时，必须增加光照，才能促进光合作用的强度。

温室生产，由于空气流动性小，CO_2 往往不足，除加强通风透气外，可施用 CO_2 肥料，如固态 CO_2（干冰），$1m^3$ 空气体积内放干冰约10g左右。露地生产，现在已开始施用 CO_2 饱和液。

过量的 CO_2 对花卉生长发育是有害的。施用新鲜的厩肥和堆肥时，由于发酵引起土壤和温床内的 CO_2 含量达到1%~2%，根系和茎叶的呼吸作用不能正常进行。

（三）有害气体

近年来，随着城市污染的加剧，空气中的各种有毒、有害气体及粉尘对植物造成直接或间接的伤害，严重的甚至导致死亡或灭绝。已知的有毒物质已有400余种，其中有20~30种能造成较大的危害。目前已经发现对植物生长发育危害严重的主要污染物有二氧化硫（SO_2）、氯气（Cl_2）、氟化氢（HF）、臭氧（O_3）等。

1. 二氧化硫

SO_2是当前最主要的大气污染物，也是全球范围内对植物造成伤害的主要有害气体。当空气中SO_2含量增至0.002%甚至仅为0.001%时，便会使植物受害，浓度越高，危害越严重。针叶树首先在两年以上的老叶上出现褐色条斑或叶色变浅、叶尖变黄，然后逐渐向叶基部扩散，最后针叶枯黄脱落；阔叶树受害后，叶部出现多种症状，大多数首先在叶脉间出现褐色斑点或斑块，然后颜色逐渐加深，最后引起叶片脱落。一般生理活动旺盛的叶片吸收SO_2多，吸收速度快，所以烟斑较重，而新枝与幼叶的伤害相对比老叶轻，发生烟斑较少。

2. 氯气

氯气毒性较大，空气中的最高允许浓度为0.03μL/L。针叶树受害症状与SO_2所致烟斑相似，但受伤组织与健康组织之间常没有明显的界线，这是与SO_2毒害的不同之处。阔叶树受害后，叶面出现褐色斑块，叶缘卷缩。氯气的毒害症状大多出现在生理活动旺盛的叶片，枝下部的老叶和枝顶端的新叶很少受害。

3. 氟化氢

以氟化物为主的复合污染所造成的危害比前两种有害气体严重得多。氟化物主要是HF，属于剧毒大气污染物，其毒性比SO_2大10~100倍。氟化物通过气孔进入叶肉组织后，溶解在浸润细胞壁的水分中，小部分被叶肉细胞吸收，大部分则顺着维管束组织运输，在叶尖与叶缘积累。针叶树对氟化物十分敏感，针叶伤害从顶端开始，随着氟化物的积累，逐渐向基部发展，受害组织缺绿，随后变为红棕色。一般在有氟化物污染的地方，很少有针叶树生长。阔叶树受害后，首先在叶片尖端和叶缘产生灰褐色烟斑，然后烟斑逐渐扩大，最后叶片脱落。氟化物所致烟斑多发生在新枝的幼叶上，这是与SO_2和Cl_2伤害症状的显著区别。鸢尾、唐菖蒲、郁金香对氟污染极敏感。

4. 臭氧

臭氧是强氧化剂，多方面危害植物的生理活动。当大气中O_3的含量达到0.1mg/kg时，延续2~3h，某些植物就会出现受害症状。O_3主要破坏栅栏组织的细胞壁和表皮细胞，伤害症状一般出现于成熟叶片的上表面，也可能叶两面坏死，嫩叶不易出现症状。在叶片表面出现褐色、红棕色或白色斑点，叶薄如纸，或叶片褪绿，有黄斑，最终叶片卷曲，直至枯死。

植物在进行正常生长发育的同时能吸收一定量的大气污染物并对其进行解毒，这就是植物的抗性。不同种类植物对大气污染物的抗性不同，这与植物叶片的结构、叶细胞生理生化特性有关，一般常绿阔叶树的抗性比落叶阔叶树强，落叶阔叶树比针叶树强。

植物对有害气体的抗性强弱一般采用三级标准：

抗性强：抗性强的植物能较正常地长期生活在一定浓度的有害气体环境中，基本不受伤害或轻微受害，慢性伤害症状不明显。在高浓度有害气体袭击后，叶片受害轻或受害后生长恢复较快，能迅速萌发出新枝叶，并形成新的树冠。

抗性中等：抗性中等的植物能较长时间生活在一定浓度的有害气体环境中，受污染后，生长恢复较慢，植株表面出现慢性伤害症状，如节间缩短、小枝丛生、叶片缩小、生长量下降等。

抗性弱（敏感）：抗性弱的植物不能长时间生活在一定浓度的有害气体环境中，受污染时，生长点常干枯，叶片伤害症状明显，全株叶片受害普遍，长势衰弱，受害后生长难以恢复。

有些抗性极弱的园林植物往往对有害气体特别敏感。例如，人在SO_2浓度为1~5mg/kg时才能闻到气味，接触浓度为3~10mg/kg的SO_2超过8h，才对健康有影响，而紫花苜蓿在空气中接触0.5mg/kg的SO_2，在2~4h内就会出现伤害症状。这类园林植物可以作为指示植物，用于易污染地区监测预报大气污染程度。

一些园林植物的抗性见表2-2。

表 2-2 一些园林植物的抗性

有害气体	抗性强	抗性中等	抗性弱	指示植物
SO_2	大叶相思、五角枫、假槟榔、鱼尾葵、板栗、樟树、构树、杧果、山楂、高山榕、榕树、白蜡、皂荚、杜松、女贞、蒲葵、扁桃、苦楝、悬铃木、加拿大杨、毛白杨、栓皮栎、圆柏、龙柏、旱柳、国槐、糠椴、紫穗槐、黄杨、山茶、大叶黄杨、枸骨、茉莉、紫薇、九里香、夹竹桃、海桐、柽柳、五叶地锦、地锦、欧洲绣球、美人蕉等	杉松、糖槭、臭椿、合欢、朴树、丝绵木、梧桐、银杏、核桃、桑树、白皮松、云杉、青杨、红叶李、山桃、辽东栎、刺槐、北京丁香、蜡梅、华北卫矛、木槿、小叶女贞、含笑、桂花、石楠、接骨木、钻天杨等	悬铃木、合欢、梅花、大波斯菊、玫瑰、天竺葵、黄刺玫、水杉等	矮牵牛、向日葵、紫苜蓿、紫苏、雪松、木棉、波斯菊、百日草、秋海棠、曼陀罗、紫丁香、金荞麦、黄槐、山荆子等
HF	臭椿、假槟榔、樟树、高山榕、榕树、白蜡、杜松、女贞、蒲葵、杧果、扁桃、桑树、白皮松、罗汉松、栓皮栎、圆柏、龙柏、糠椴、北京丁香、紫穗槐、黄杨、山茶、大叶黄杨、接骨木、枸骨、紫薇、九里香、夹竹桃、海桐、柽柳、欧洲绣球、地锦、野牛草等	大叶相思、五角枫、鱼尾葵、朴树、海杧果、山楂、梧桐、核桃、女贞、苦楝、云杉、悬铃木、青杨、红叶李、辽东栎、刺槐、旱柳、国槐、华北卫矛、木槿、小叶女贞、含笑、桂花、石楠、钻天杨等	银杏、皂荚、加拿大杨、榆叶梅、李、郁金香、唐菖蒲、万年青、杜鹃、美人蕉、风信子等	地衣类、唐菖蒲、郁金香、金荞麦、玉簪、杜鹃、美人蕉、仙客来、萱草、风信子、鸢尾、金钱草、杏、葡萄、紫荆、落叶松、梅等
Cl_2	大叶相思、五角枫、臭椿、假槟榔、鱼尾葵、樟树、高山榕、榕树、白蜡、杜松、蒲葵、杧果、扁桃、青杨、栓皮栎、龙柏、旱柳、糠椴、黄杨、山茶、大叶黄杨、接骨木、枸骨、茉莉、九里香、夹竹桃、海桐、柽柳、欧洲绣球、美人蕉、钻天杨等	杉松、糖槭、合欢、板栗、丝绵木、梧桐、银杏、核桃、女贞、苦楝、桑树、白皮松、云杉、罗汉松、加拿大杨、毛白杨、红叶李、山桃、辽东栎、刺槐、圆柏、国槐、北京丁香、紫穗槐、华北卫矛、木槿、紫薇、小叶女贞、含笑、桂花、石楠、地锦等	朴树、海杧果、皂荚、悬铃木、五叶地锦、海棠、连翘、榆叶梅、黄刺玫、郁金香、百日草、秋海棠等	百日草、波斯菊、珠兰、茉莉、蔷薇、郁金香、秋海棠、向日葵、大马蓼、翠菊、万寿菊、鸡冠花、桃树、枫杨、糖槭、女贞、臭椿、油松等
O_3	五角枫、臭椿、白蜡、银杏、悬铃木、红叶李、刺槐、圆柏、国槐、紫穗槐、海桐、翅卫矛、钻天杨等	野牛草、苹果、金银忍冬、复叶槭、油松等	矮牵牛、香石竹、牵牛花、悬铃木、连翘等	烟草、矮牵牛、藿香蓟、秋海棠、小苍兰、香石竹、菊花、三色堇、紫菀、万寿菊、女贞、银槭、梓树、皂荚、丁香、葡萄、牡丹等

学习情境三
园林木本植物识别

【学习目标】

- 知识目标：1. 描述园林木本植物的类型；
  2. 明确各种园林木本植物的识别要点；
  3. 总结各种园林木本植物的栽培管理措施。
- 能力目标：1. 能够识别各种园林木本植物；
  2. 能够运用各种园林木本植物的生态习性和栽培要点能够进行园林应用。
- 素质目标：1. 培养学生自主学习的能力；
  2. 培养学生沟通及语言表达的能力；
  3. 培养学生尊重自然、保护环境的意识。

【学习内容】

园林木本植物按照生长特性分为乔木类、灌木类和藤木类3个类型。

一、乔木类识别

（一）常绿乔木树种

1. 苏铁 *Cycas revoluta* Thunb.（图3-1）

【别名】铁树、避火蕉、凤尾蕉、凤尾松。
【科属】苏铁科，苏铁属。
【产地与分布】原产于亚洲热带地区。现在浙江、江西、湖南、四川等地广为栽培。
【识别要点】苏铁识别要点见表3-1，苏铁形态特征如图3-2所示。

图3-1 苏铁

表3-1 苏铁识别要点

识别部位	识别要点
皮干	树干有明显螺旋状排列的菱形叶柄残痕
枝	一般不分枝或少有分枝
叶	羽状复叶，小叶线形，质地坚硬，先端锐尖，边缘向下卷曲
花	雌雄异株，雄球花长圆柱形，小孢子叶木质，密被黄褐色绒毛；雌球花扁球形，大孢子叶宽卵形，有羽状裂，密被黄褐色棉毛。花期6~8月
种子	种子卵圆形，微扁，成熟时红色

【生态习性】喜光；喜暖热湿润气候，不耐寒；喜肥沃、湿润、酸性的沙质土壤；不耐积水；

生长缓慢，寿命长，可达200年以上。

a) 皮干　　b) 叶
c) 雄球花　　d) 雌球花和种子

图3-2　苏铁形态特征

【繁殖方法】播种或分蘖繁殖。

【栽培管理】移栽时间宜在4月中下旬~5月上旬，茎顶端有萌发迹象而又未长出嫩叶之前进行。春、秋、冬3季要控制水分，水分过多易烂根。苏铁喜光照，但夏季强光时，叶片容易被灼伤，夏季高温时应常向叶面喷水。当苏铁茎干生长高度达50cm后，应于春季割去老叶，以后每年割一圈，或至少3年进行1次，修剪时应尽量剪至叶柄基部，使茎干整齐美观。

【园林应用】苏铁体形优美，有反映热带风光的观赏效果，南方多植于庭前阶旁及草坪内；北方宜作大型盆栽，布置于庭院、厅室及会场等处。（二维码3-001、3-002）

图3-3　雪松

2. 雪松 *Cedrus deodara*（Roxb.）**G.Don**（图3-3）

【别名】香柏、塔松。

【科属】松科，雪松属。

【产地与分布】原产于喜马拉雅山地区。现长江流域、华北地区有栽培。

【识别要点】雪松识别要点见表3-2，雪松形态特征如图3-4所示。

表3-2 雪松识别要点

识别部位	识别要点
皮干	树皮深灰色，裂成不规则的鳞片状
枝	枝平展、微斜展或微下垂，小枝常下垂，一年生枝浅灰黄色，密生短绒毛，微有白粉，二、三年生枝呈灰色、浅褐灰色或深灰色
叶	叶针形，蓝绿色，在长枝上螺旋状散生，在短枝上簇生
花	雌雄异株，少有同株。球花单生枝顶。雄球花长卵圆形或椭圆状卵圆形，雌球花卵圆形
果	球果成熟前浅绿色，微有白粉，成熟时红褐色，卵圆形或宽椭圆形。种子近三角形

a) 皮干　　　　　　b) 叶和小枝

c) 雄球花　　　　　d) 球果

图3-4 雪松形态特征

【生态习性】喜光，幼树稍耐庇荫；喜温凉气候，抗寒性较强；对土壤要求不严，在深厚、肥沃、疏松的土壤中生长良好；耐干旱，不耐水湿，浅根性，抗风力差。

【常见品种】'垂枝雪松''金叶雪松''银梢雪松''银叶雪松'。（二维码 3-003~3-005）

【繁殖方法】播种、扦插或嫁接繁殖。

【栽培管理】移植以 4~5 月为宜，带土球，大苗需立支架防风吹摇动。雪松树冠下部枝条应保留，使之自然贴近地面，显得整齐美观，但作为行道树应保持一定的枝下高度。成年雪松主干常弯垂，应及时用细杆缚直，防止被风吹折。雪松顶端优势强，修剪时主枝不能短截。

【园林应用】雪松树体高大，树形优美，可孤植、列植、丛植，最宜与草坪配植。（二维码 3-006~3-009）

3. 白皮松 *Pinus bungeana* Zucc.et Endl.（图 3-5）

【别名】白骨松、三针松、白果松。

【科属】松科，松属。

【产地与分布】我国特有树种，产于山西、河南、陕西、甘肃、四川、湖北等地。

【识别要点】白皮松识别要点见表 3-3，白皮松形态特征如图 3-6 所示。

图 3-5　白皮松

表 3-3　白皮松识别要点

识别部位	识别要点
皮干	幼树树皮灰绿色，老树树皮灰褐色或乳白色，裂片脱落后露出大片黄白色斑块和粉色内皮
枝	一年生枝灰绿色，无毛
芽	冬芽红褐色，卵圆形，无树脂
叶	叶 3 针 1 束
花	雄球花卵圆形或椭圆形，多数聚生于新枝基部呈穗状。花期 4~5 月
果	球果圆锥状卵形，第二年 10~11 月成熟

图 3-6　白皮松形态特征

【生态习性】喜光，稍耐阴，幼树略耐半阴；喜温凉气候；喜排水良好又适当湿润的土壤；深根性，生长缓慢，寿命长。

【繁殖方法】播种繁殖。

【栽培管理】栽培地选地势稍高、排水良好地方，带土球栽植。若培育单干型树冠，栽植时剪去基部侧枝；培育多干型，剪去主梢，促进分支。对于主干较高的植株，注意避免皮干受日灼伤害。

【园林应用】白皮松树形多姿，苍翠挺拔，树皮白色或绿白色相间，别具特色，是优良的观干树种，常植于公园、庭院、寺庙等处。（二维码3-010、3-011）

4. 侧柏 *Platycladus orientalis*（L.）**Franco**（图3-7）

【别名】黄柏、香柏、扁柏、扁桧、香树、香柯树。

【科属】柏科，侧柏属。

【产地与分布】产于我国北方地区，分布极广，全国大部分地区有栽培。

【识别要点】侧柏识别要点见表3-4，侧柏形态特征如图3-8所示。

图3-7 侧柏

表3-4 侧柏识别要点

识别部位	识别要点
皮干	树皮薄，浅灰褐色，纵裂成条片
枝	小枝扁平，排列成1个平面
叶	叶小，鳞片状，紧贴在小枝上，呈交叉对生排列，叶背中部具有腺槽
花	雄球花黄色，卵圆形；雌球花近球形，蓝绿色，被白粉。花期3~4月
果	球果近卵圆形，成熟前近肉质，蓝绿色，被白粉；成熟后木质，开裂，红褐色。果于10~11月成熟

a) 皮干

b) 叶和小枝

c) 球花

图3-8 侧柏形态特征

d) 球果　　　　　　　　　　　　　e) 种子

图 3-8　侧柏形态特征（续）

【生态习性】喜光，但有一定耐阴性；喜温暖湿润气候，较耐寒；喜排水良好而湿润的深厚土壤，耐干旱瘠薄，不耐水涝，抗盐碱；浅根性，耐修剪，生长缓慢，寿命长。

【繁殖方法】播种繁殖。

【常见品种】'千头柏''洒金千头柏''金黄球柏''金塔柏''洒银柏'等。（二维码 3-012）

【栽培管理】春季移栽要带土球，裸根移栽需注意保护根系不受风干日晒。修剪在初冬或早春进行，疏除树冠内的枯枝、病枝、密生枝及衰弱枝，以保持完美的株形，并促进当年新芽的生长。若枝条过长，可于 6~7 月修剪 1 次。

【园林应用】侧柏是我国运用最广的园林树种之一，可与草坪、山石配合，也可作花木、雕塑的背景。因为耐修剪，侧柏也可作植篱；同时也是长江以北地区石灰岩山地的主要造林树种。（二维码 3-013）

5. 圆柏 *Sabina chinensis*（L.）Ant.（图 3-9）

【别名】红柏、红心柏、桧柏。

【科属】柏科，圆柏属。

【产地与分布】原产于我国东北南部及华北等地，全国大部分地区有分布。

【识别要点】圆柏识别要点见表 3-5，圆柏形态特征如图 3-10 所示。

图 3-9　圆柏

表 3-5　圆柏识别要点

识别部位	识别要点
皮干	树皮深灰色或暗红褐色，呈狭条纵裂脱落
枝	幼树的枝条通常斜上伸展，老树则下部大枝平展
芽	冬芽不显著

(续)

识别部位	识别要点
叶	叶二型,鳞叶交互对生,多见于老树或老枝上;刺叶常 3 叶轮生,叶面微凹,有两条白色气孔带
花	雌雄异株,少有同株;雄球花黄色,椭圆形;雌球花有珠鳞 6~8 枚。花期 4 月下旬
果	球果近圆球形,两年成熟,成熟时暗褐色,被白粉或白粉脱落。果多,第二年 10~11 月成熟

a) 皮干　　　　　　　　b) 二型叶和小枝　　　　　　　　c) 球果

图 3-10　圆柏形态特征

【生态习性】喜光,也耐阴;喜温凉气候,耐寒,耐热;喜深厚、排水良好的中性土壤,忌积水;耐修剪,易整形,寿命长。

【常见品种】'塔柏''龙柏''铺地龙柏''鹿角桧''金叶桧''金球桧'等。(二维码 3-014、3-015)

【繁殖方法】播种、扦插或嫁接繁殖。

【栽培管理】移栽宜于春季或雨季进行,大苗移栽需带土球。栽前穴施基肥,栽后连浇透水 3 次。修剪在冬季植株进入休眠期或半休眠期后进行,要把瘦弱、病虫、枯死、过密的枝条疏除。幼树修剪时,选好第一个主枝,剪除多余的枝条,每轮只留一个枝条作主枝。圆柏做盆景不宜多施肥,以免徒长影响树形美观。整形以摘心为主,对徒长枝可进行打梢,剪去顶尖,促生侧枝。

【园林应用】圆柏树形优美,老树奇姿古态,常配植于甬道、园路转角、亭室附近,列植、丛植或群植于草坪边缘做主景树的背景,也可做绿篱。(二维码 3-016)

6. 罗汉松 *Podocarpus macrophyllus*(Thunb.)Sweet(图 3-11)

【别名】罗汉杉、长青罗汉杉、土杉、仙柏、罗汉柏。

【科属】罗汉松科,罗汉松属。

【产地与分布】产于江苏、浙江、福建、安徽、江西、湖南、四川、云南、贵州、广西、广东等省区。

【识别要点】罗汉松识别要点见表 3-6,罗汉松形态特征如图 3-12 所示。

图 3-11　罗汉松

表 3-6 罗汉松识别要点

识别部位	识别要点
皮干	树皮灰色或灰褐色，浅纵裂，呈薄片状脱落
枝	枝开展或斜展，较密
叶	叶螺旋状着生，条状披针形，微弯曲，先端尖，基部楔形；叶片正面深绿色，有光泽，中脉显著隆起；叶片背面带白色、灰绿色或浅绿色，中脉微隆起
花	雄球花穗状、腋生，常3~5枚簇生于极短的总梗上，基部有数枚三角状苞片；雌球花单生叶腋，有梗，基部有少数苞片。花期4~5月
种子	种子卵圆形，着生于肥厚肉质的紫红色种托上。种子于8~11月成熟

a) 皮干

b) 叶

c) 雄球花

d) 种子

图 3-12 罗汉松形态特征

【生态习性】较耐阴，为半阴性树种；喜温暖湿润气候，耐寒性较差；喜排水良好、湿润的沙质壤土，对土壤适应性强，盐碱土壤也能生存。

【常见变种】狭叶罗汉松、短叶罗汉松、柱冠罗汉松等。（二维码3-017、3-018）

【繁殖方法】播种或扦插繁殖。

【栽培管理】移栽以3~4月最好，小苗需带土，大苗带土球，栽后应浇透水。在生长季节日常养护只要施加1~2次氮肥进行追肥即可，无须过多的磷肥、钾肥。对已造型的盆景，必须注意摘心和修剪。

【园林应用】罗汉松树形优美，枝叶苍翠，是广泛用于庭园绿化的优良树种，宜作孤植、对植或树丛配植，可修整成塔形或球形，也可整形后作景点布置。（二维码3-019）

7. 红豆杉 *Taxus chinensis* (Pilger) **Rehd.**（图3-13）

【别名】红豆树、紫杉。

【科属】红豆杉科，红豆杉属。

【产地与分布】我国特有种，产于我国西部及中部地区。

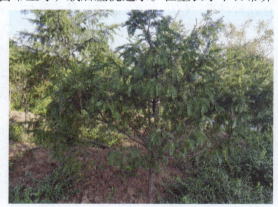

图 3-13 红豆杉

【识别要点】红豆杉识别要点见表3-7，红豆杉形态特征如图3-14所示。

表3-7 红豆杉识别要点

识别部位	识别要点
皮干	树皮灰褐色、红褐色或暗褐色，裂成条片脱落
枝	一年生枝绿色或浅黄绿色，秋季变成绿黄色或浅红褐色，二、三年生枝黄褐色、浅红褐色或灰褐色
芽	冬芽黄褐色、浅褐色或红褐色，有光泽；芽鳞三角状卵形，背部无脊或有纵脊，脱落或少数宿存于小枝的基部
叶	叶螺旋状互生，基部扭转为2列，条形，微弯曲或较直
花	雄球花浅黄色
种子	种子生于杯状红色肉质的假种皮中，间或生于近膜质盘状的种托（即未发育成肉质假种皮的珠托）之上，常呈卵圆形

a) 皮干

b) 叶

c) 雄球花

d) 种子

图3-14 红豆杉形态特征

【生态习性】耐阴，苗喜阴、忌晒；喜温湿气候；喜疏松、肥沃、排水性良好的沙质土壤。

【繁殖方法】播种或扦插繁殖。

【栽培管理】移栽在10~11月或第二年2~3月萌芽前进行，栽后浇透水，适当遮阴。红豆杉在生长季节要多浇水，在休眠期要少浇水。在正常的生长环境下，红豆杉很少出现虫害，在高温和干旱季节，红豆杉容易出现叶枯病和赤枯病，要用波尔多液喷洒防治。

【园林应用】红豆杉枝叶繁茂，终年常绿，假种皮肉质、红色，颇为美观，是优良的观赏树种，宜选用造林，也可用于点缀庭院。

8. 榕树 *Ficus microcarpa* **L.**（图3-15）

【别名】细叶榕、万年青、榕树须。

【科属】桑科，榕属。

【产地与分布】产于我国台湾、浙江、福建、广东、

图3-15 榕树

广西、湖北、贵州、云南等地。

【识别要点】榕树识别要点见表3-8，榕树形态特征如图3-16所示。

表3-8 榕树识别要点

识别部位	识别要点
皮干	树皮深灰色
枝	枝具有气生根
叶	叶革质，椭圆形或卵状椭圆形，有时呈倒卵形
花	隐头花序单生或成对生于叶腋
果	果实成熟时暗紫色

a) 皮干　　　　　　b) 叶　　　　　　c) 果

图3-16 榕树形态特征

【生态习性】喜光，耐阴；喜温暖湿润气候及酸性土壤；耐水湿；抗烟性强；生长快，寿命长。

【繁殖方法】播种、扦插繁殖为主，也可压条繁殖。

【栽培管理】榕树最佳栽植时间为冬末春初，带土球栽植。栽后浇透定根水，立支架。养护过程中注意松土、施肥和浇水。冬季要控水控肥。榕树萌芽力很强，乔木类榕树栽植时按规定高度截剪，一般保留1~3级侧枝，其余疏除。栽植2~3年后再修剪。小叶榕不需过强修剪，保持自然树形即可；球形类榕树种植后每年剪短2~3次，保持球面圆滑；桩景类榕树栽培2~3年后，再加强修剪，以保持优美树姿。榕树老桩的修剪整形多在休眠期进行。

【园林应用】榕树枝叶繁茂，树冠开展圆润，是我国华南地区分布广泛的优良乡土树种之一；华南地区多作为行道树及庭荫树栽植；还可制作盆景。（二维码3-020~3-023）

9. 石楠 *Photinia serrulata* Lindl.（图3-17）

【别名】千年红、扇骨木、红树叶。

【科属】蔷薇科，石楠属。

【产地与分布】原产于我国秦岭以南各地。

【识别要点】石楠识别要点见表3-9，石楠形态特征如图3-18所示。

图3-17 石楠

表 3-9　石楠识别要点

识别部位	识别要点
皮干	灰褐色，有皮孔
枝	小枝灰褐色，无毛
芽	冬芽卵形，鳞片褐色，无毛
叶	叶片革质，长椭圆形、长倒卵形或倒卵状椭圆形，先端尾尖，基部圆形或宽楔形，边缘疏生具有腺细锯齿，近基部全缘
花	复伞房花序顶生，花瓣白色，近圆形。花期 4~5 月
果	果实球形，红色，后呈褐紫色。果期 10 月

a) 皮干　　　　　b) 叶　　　　　c) 花　　　　　d) 果

图 3-18　石楠形态特征

【生态习性】喜光，也较耐阴；喜温暖湿润气候，较耐寒；喜深厚、肥沃、排水良好的沙壤土；耐干旱瘠薄，不耐水湿；萌芽力强，耐修剪；对烟尘和有毒气体有一定的抗性。

【同属其他种】本属杂交种红叶石楠在园林中应用广泛。（二维码 3-024、3-025）

【繁殖方法】播种、扦插或压条繁殖。

【栽培管理】栽前施足基肥，栽后及时浇水。生长期注意浇水。春夏季节可追施一定量的复合肥和有机肥。新移植的石楠一定要注意防寒 2~3 年。石楠修剪时，对枝条多而细的植株应强剪，疏除部分枝条；对枝条少而粗的植株轻剪，促进多萌发花枝。冬季以整形为目的，疏除部分密生枝及无用枝，保持生长空间，促进新枝发育。对于用作造型的植株一年要修剪 1~2 次，如果用作绿篱，更应该经常修剪，以保持良好形态。

【园林应用】石楠枝繁叶茂，枝条能自然长成圆形树冠，早春嫩叶为红色，夏季花朵为白色，秋冬红果缀满枝头，观赏价值很高。石楠在园林中孤植、丛植或基础栽植均可；可作为园路树或绿篱栽植，还可修剪成球形或圆锥形等不同的造型。（二维码 3-026~3-029）

10. 冬青 *Ilex chinensis* **Sims**（图 3-19）

【别名】冻青。

【科属】冬青科，冬青属。

【产地与分布】分布于全球的热带、亚热带至温带地区，主产于中南美洲和亚洲的热带地区。我国分布于秦岭南坡、长江流域及其以南的广大地区，以西南地区和华南地区最多。

图 3-19 冬青

【识别要点】冬青识别要点见表 3-10，冬青形态特征如图 3-20 所示。

表 3-10 冬青识别要点

识别部位	识别要点
皮干	树皮灰色或浅灰色，有纵沟
枝	小枝浅绿色，无毛
叶	叶薄革质，狭长椭圆形或披针形，顶端渐尖，基部楔形，边缘有浅圆锯齿。叶痕新月形，凸起
花	雌雄异株。聚伞花序生于当年生枝叶腋处，花浅紫红色。花期 4~6 月
果	果实椭圆形或近球形，成熟时深红色。果期 7~12 月

【生态习性】喜光，耐阴；喜温暖气候，有一定耐寒力；喜肥沃的酸性土；较耐湿，但不耐积水；深根性，抗风；萌芽力强，耐修剪；对 SO_2 及烟尘有一定的抗性。

【同属其他种】园林中常见的同属常绿乔木有大叶冬青、铁冬青等。（二维码 3-030~3-032）

【繁殖方法】播种或扦插繁殖。

【栽培管理】当年栽植的小苗一次浇透水后可任其自然生长，视墒情每 15 天灌水 1 次，结合中耕除草每年春、秋两季适当追肥 1~2 次，一般施以氮肥为主的稀薄液肥。夏季要整形修剪 1 次，秋季可根据不同的绿化需求进行平剪或修剪成球形、圆锥形，并适当疏枝，保持一定的冠形枝态。冬季比较寒冷的地方可采取堆土防寒等措施。

【园林应用】冬青树冠高大，四季常青，秋、冬红果累累，宜作庭荫树、园景树；可孤植于草坪、水边，列植于门庭、墙基、甬道，还可作绿篱、盆景，果枝可插瓶观赏。

11. 女贞 *Ligustrum lucidum* Ait（图 3-21）

【别名】大叶女贞、蜡树、桢木、将军树。

【科属】木樨科，女贞属。

a) 皮干　　b) 小枝和花　　c) 叶和果

图 3-20　冬青形态特征

图 3-21　女贞

【产地与分布】原产于我国，分布在华南、西南各省区，华中、华东、西北地区也有栽培。

【识别要点】女贞识别要点见表 3-11，女贞形态特征如图 3-22 所示。

表 3-11 女贞识别要点

识别部位	识别要点
皮干	树皮灰色，光滑
枝	枝黄褐色、褐色或灰色，圆柱形，疏生圆形皮孔
叶	叶对生，革质，卵形或卵状椭圆形，全缘，正面深绿色有光泽，背面浅绿色
花	圆锥花序顶生，小花密集，白色，有芳香味。花期 5~7 月
果	浆果状核果，成熟时蓝紫色，被白粉。果期 11~12 月

a) 皮干　　　　　b) 小枝和叶　　　　　c) 花　　　　　d) 果

图 3-22　女贞形态特征

【生态习性】喜光，耐半阴；喜温暖湿润气候，耐寒性好；喜肥沃的微酸性土壤；耐水湿，不耐瘠薄；深根性树种，须根发达；生长快，萌芽力强，耐修剪；对大气污染的抗性较强。

【繁殖方法】播种繁殖。

【栽培管理】栽植单干植株时要密植，并将下部枝条剪去。大苗移栽带土球，栽胸径为 5cm 以上的大苗，也可进行抹头定干裸根栽植，但根幅不低于胸径的 14 倍。栽植时根系要舒展，栽后浇 3 次水，以后视天气情况见旱即浇。如果作绿篱栽植，一年要修剪 2~3 次，以保持良好的形状。

【园林应用】女贞终年常绿，苍翠可爱，夏季白花满树，浓荫如盖，是绿化中常用的树种；常用作行道树，也可作绿篱、绿墙配植，有抗污染能力，为工厂绿化的好树种。（二维码 3-033、3-034）

12. 桂花 *Osmanthus fragrans*（Thunb.）Lour.（图 3-23）

图 3-23　桂花

【别名】岩桂、木樨、九里香、金粟。
【科属】木樨科，木樨属。
【产地与分布】原产于我国西南部，现广泛栽种于淮河流域及以南地区，适生区向北可至黄河下游，向南可至广东、广西、海南等地。
【识别要点】桂花识别要点见表3-12，桂花形态特征如图3-24所示。

表3-12 桂花识别要点

识别部位	识别要点
皮干	树皮灰褐色
枝	小枝黄褐色，无毛
芽	芽2~4枚叠生
叶	单叶对生，革质，椭圆形、长椭圆形或椭圆状披针形，全缘或上半部具有细锯齿
花	花簇生叶腋；花梗纤细；花小，花冠黄白色、浅黄色、黄色或橘红色，浓香味。花期多为9月~10月上旬
果	核果椭球形，成熟时紫黑色。果期为第二年3月

a) 皮干　　　b) 枝和芽　　　d) 花　　　e) 果

（c) 叶）

图3-24 桂花形态特征

【生态习性】喜光，稍耐阴；喜温暖湿润气候和通风良好的环境，较耐寒；对土壤要求不严，以肥沃、湿润、排水良好的微酸性土壤为宜，忌水涝；萌芽力强，耐修剪；对有毒气体有一定抗性。

【常见变种】丹桂、金桂、银桂、四季桂。（二维码3-035~3-038）

【繁殖方法】播种、扦插、压条或嫁接繁殖。

【栽培管理】栽植应选在春季或秋季，尤以阴天或雨天最好。移栽要打好土球，以确保成活率。栽植土要求偏酸性，忌碱土。地栽前，树穴内应先搀入草本灰及有机肥料，栽后浇1次透水。新枝发出前保持土壤湿润，切勿浇肥水。一般春季施1次氮肥，夏季施1次磷、钾肥，使花繁叶茂，入冬前施1次越冬有机肥。忌浓肥，尤其忌人粪尿。修剪因树而定，根据树姿将大框架定好，将其他萌蘖条、过密枝、徒长枝、交叉枝、病弱枝疏除，以便通风透光。对树势上强下弱者，可将上部枝条短截 1/3，使整体树势强健，同时在修剪口涂抹愈伤防腐膜保护伤口。

【园林应用】桂花终年常绿，枝繁叶茂，秋季开花，芳香四溢，是我国传统十大名花之一。在园林常作园景树，可孤植、对植，也可成丛、成林栽种。旧式庭园常用对植，古称"双桂当庭"或"双桂留芳"。在校园取"蟾宫折桂"之意，也大量的种植桂花。（二维码 3-039~3-041）

（二）落叶乔木树种

1. 落羽杉 *Taxodium distichum* (L.) Rich.（图 3-25）

【别名】落羽松。

【科属】杉科，落羽杉属。

【产地与分布】原产于北美东南部，现在我国广州、杭州、上海、南京、武汉、福建、庐山及河南信阳等地有栽培。

【识别要点】落羽杉识别要点见表 3-13，落羽杉形态特征如图 3-26 所示。

图 3-25　落羽杉

表 3-13　落羽杉识别要点

识别部位	识别要点
皮干	树干基部通常膨大，常有屈膝状的呼吸根；树皮棕色，裂成长条片脱落
枝	枝条水平开展，新生幼枝绿色，到冬季则变为棕色；生叶的侧生小枝排成二列
芽	冬芽形小，球形
叶	叶条形，扁平，基部扭转在小枝上列成二列，羽状
花	雄球花卵圆形，有短梗。花期 5 月
果	球果球形或卵圆形，有短梗，向下斜垂，成熟时浅褐黄色，有白粉；种子不规则三角形。果第二年 10 月成熟

a) 皮干和气生根　　　　b) 叶　　　　c) 球果

图 3-26　落羽杉形态特征

【生态习性】喜光；喜暖热湿润气候；能耐低温、干旱、涝渍和土壤瘠薄，极耐水湿；抗污染，抗风，病虫害少，生长快。

【繁殖方法】播种或扦插繁殖。

【栽培管理】庭园绿化可用二年至三年生移植苗。移植一般于3月进行，1~2米高的苗可裸根移植，2米以上的大苗宜带土球。苗木侧根较少，主根长，起苗时需深挖多留根，栽植时应深穴栽植，对提高幼树成活率和促进生长都有良好的效果。

【园林应用】落羽杉树形整齐美观，近羽毛状的叶丛极为秀丽。落羽杉入秋叶变成古铜色，是良好的秋色叶树种；最适水旁配植，也有防风护岸之效。（二维码3-042~3-044）

2. 水杉 Metasequoia glyptostroboides Hu & W.C.Cheng（图3-27）

【别名】水桫。

【科属】柏科，水杉属。

【产地与分布】我国特有植物，也是世界上珍稀的孑遗植物。原产于我国四川、湖北、湖南，现辽东半岛、广东、江苏、浙江、云南、陕西、河南都有栽培。

图3-27 水杉

【识别要点】水杉识别要点见表3-14，水杉形态特征如图3-28所示。

表3-14 水杉识别要点

识别部位	识别要点
皮干	树干基部常膨大；树皮灰色、灰褐色或暗灰色，内皮浅紫褐色；幼树裂成薄片脱落，大树裂成长条状脱落
枝	枝斜展，小枝下垂，一年生枝光滑无毛，幼时绿色，后渐变成浅褐色，二、三年生枝浅褐灰色或褐灰色
芽	冬芽卵圆形或椭圆形，顶端钝
叶	叶线形，交互对生，在侧生小枝上排成二列，羽状，冬季与枝一同脱落
花	雌雄同株，单性花。花期2月
果	球果下垂，近四棱状球形或矩圆状球形，成熟前绿色，成熟时深褐色。种子扁平，周围有翅，先端有凹缺。果于11月成熟

【生态习性】喜光；喜温暖湿润气候；喜深厚、肥沃、排水良好的酸性土；不耐水淹，不耐旱。根系发达。

【繁殖方法】播种或扦插繁殖。

【栽培管理】栽培应选择湿润、排水良好的地方。水杉栽植季节从晚秋到初春均可，一般以冬末为宜。苗木应随起随栽，避免过度失水。如果经长途运输，到达目的地后，应将苗根浸入水中浸泡。大苗移栽必须带土球，挖大穴，施足基肥，填入细土后踩实，栽后要浇透水。旺盛生长期要追肥，苗期适当修剪。

【园林应用】水杉是"活化石"树种，也是秋叶观赏树种。在园林中，水杉可用于堤岸、湖滨、池畔、庭院等绿化，也可成片栽植营造风景林，还可栽于建筑物前或用作行道树。（二维码3-045、3-046）

a) 皮干　　b) 芽　　c) 叶　　d) 花　　e) 果

图 3-28　水杉形态特征

3. 银杏 *Ginkgo biloba* L.（图 3-29）

图 3-29　银杏

【别名】白果树。

【科属】银杏科，银杏属。

【产地与分布】浙江天目山有野生植株，沈阳以南、广州以北有栽培。

【识别要点】银杏识别要点见表 3-15，银杏形态特征如图 3-30 所示。（二维码 3-047~3-053）

表 3-15　银杏识别要点

识别部位	识别要点
皮干	树皮灰褐色，深纵裂
枝	枝条灰褐色，斜生而均称，有长短枝之分，无毛。主枝斜出，近轮生。老枝树皮有丝状脱落，为灰褐色；新枝为深灰色；有明显的芽鳞痕；有两对维管束痕
芽	芽为鳞芽，互生
叶	叶扇形，顶端常 2 裂，基部楔形，有长柄。叶在长枝上互生，在短枝上簇生
花	雌雄异株，无花被，风媒花。花期 4~5 月。雄球花柔荑花序下垂；雌球花有长柄，顶端有珠座，上有直生胚珠
种子	种子核果状，椭圆形，有白粉，成熟时橙黄色。外种皮肉质，中种皮白色、骨质，内种皮膜质

图 3-30　银杏形态特征

【生态习性】阳性树，喜沙壤土，不耐积水，在 -32.9℃地区可成活。寿命极长，生长缓慢，种子繁殖的植株约 20 年才能开花结果。深根性。

【常见品种】观赏栽培品种有'金叶银杏''塔状银杏''裂叶银杏''垂枝银杏''斑叶银杏'等。食用栽培品种分为 3 类：佛手银杏类（如'洞庭皇''佛指'等品种）、马铃银杏类（如'大马铃''鸭尾银杏'等品种）、梅核银杏类（如'大梅核''桐子果'等品种）。

【繁殖方法】播种、嫁接、扦插等繁殖方法。

【栽培管理】银杏在年平均温度为 8~20℃范围内都适合生长，以 16℃最为适合。大多数银杏苗木生产地区的年平均温度都在 14~18℃之间。银杏苗木在秋季落叶后至春季萌动以前，需要一个自然休眠期。银杏要求在土质疏松、肥沃、透气性强的土壤中生长，并定期松土除草，改变土壤的理化结构，增加肥力，提高土壤含水量。施肥种类以硫酸钾复合肥加腐熟的农家肥（猪牛粪加堆肥）为好。在果实生长季节，如果天气干旱，需要适量淋水。

【园林应用】银杏树姿雄伟壮丽，叶形秀美，寿命长，又少病虫害，最适合作庭荫树、行道树或独赏树。街道绿化时，应选雄株，以免种实污染行人衣物。（二维码 3-054~3-056）

4. 玉兰 *Yulania denudata*（Desr.）**D.L.Fu**（图 3-31）

【别名】白玉兰、望春花、玉兰花。

【科属】木兰科，玉兰属。

【产地与分布】原产于江西（庐山）、浙江（天目山）、湖南（衡山）、贵州，现全国各大城

图 3-31　玉兰

市园林广泛栽培。

【识别要点】玉兰识别要点见表3-16，玉兰形态特征如图3-32所示。

表3-16 玉兰识别要点

识别部位	识别要点
皮干	树皮幼时灰白色，平滑少裂，老时深灰色，粗糙开裂
枝	小枝稍粗壮，灰褐色
芽	冬芽密被浅灰黄色长绢毛
叶	叶纸质，倒卵形、宽倒卵形或倒卵状椭圆形，具有短突尖
花	花大，顶生，先叶开放，花被片9枚，白色，基部常带粉红色，花梗显著膨大，密被浅黄色长绢毛。花期2~3月
果	聚合果，圆柱形（在庭园栽培中常因部分心皮不育而弯曲）；种子心形，外种皮红色，内种皮黑色

a) 皮干　　b) 小枝　　c) 芽　　d) 叶

e) 花　　f) 果

图3-32 玉兰形态特征

【生态习性】喜光，稍耐阴；适宜生长于温暖湿润气候和肥沃、疏松的土壤；不耐干旱，也不耐水涝；对SO_2、Cl_2等有毒气体抗性差。

【品种及同属其他种】常见栽培品种有'飞黄玉兰''大花白玉兰'等。此外同属落叶乔木望春玉兰在园林中应用也十分普遍。（二维码3-057、3-058）

【繁殖方法】播种、压条或嫁接繁殖。

【栽培管理】移栽以芽萌动前半月或花谢后展叶前为好。大苗移栽要带土球，挖大穴，深施基肥，浅栽，可抑制萌蘖，有利于生长。开花前应有充足的水分和肥料，以促使花大香浓。玉兰枝条不多，除枯枝、病虫枝和扰乱树形的枝外，一般不需修剪。花谢后如果不留种，应将果剪除，以免消耗养分。

【园林应用】玉兰先开花后长叶，花洁白、美丽且清香，是早春重要观赏花木。玉兰可在庭园路边、草坪一角、亭台前后或漏窗内外、洞门两旁等处种植，孤植、对植、丛植或群植均可。（二维码 3-059~3-061）

5. 二球悬铃木 *Platanus acerifolia* (Aiton) Willd.（图 3-33）

【别名】英国梧桐。

【科属】悬铃木科，悬铃木属。

【产地与分布】二球悬铃木原产于欧洲，现广泛种植于全球。我国东北、北京以南各地均有栽培，尤以长江中下游各城市较为多见，在新疆北部伊犁河谷地带也可生长。

【识别要点】二球悬铃木识别要点见表 3-17，二球悬铃木形态特征如图 3-34 所示。

图 3-33　二球悬铃木

表 3-17　二球悬铃木识别要点

识别部位	识别要点
皮干	树皮光滑，大片块状脱落
枝	嫩枝密生灰黄色绒毛；老枝脱落，红褐色
芽	柄下芽
叶	单叶互生，叶片 3~5 掌状分裂，中裂长宽近等长，基部截形或近心形，边缘有不规则尖齿和波状齿
花	球形头状花序，通常 2 个一串。宿存花柱，刺状
果	头状果序，坚果之间无突出的绒毛，或有极短的毛

a) 皮干　　　　　b) 小枝和芽　　　　　c) 叶　　　　　d) 果

图 3-34　二球悬铃木形态特征

【生态习性】喜光，不耐阴；喜温暖湿润气候，较耐寒；对土壤要求不严，耐干旱、瘠薄，也耐湿；根系浅易风倒；萌芽力强，耐修剪；生长迅速、成荫快；抗烟尘、硫化氢等有害气体。

【同属其他种】三球悬铃木和一球悬铃木为二球悬铃木的杂交亲本。（二维码3-062）

【繁殖方法】播种或扦插繁殖。

【栽培管理】栽植宜在3月份进行。栽植大苗，移栽前应对枝干进行重截，锯口涂防腐剂，栽后立即浇水，浇足浇透，连浇3次。作行道树的悬铃木，大多采用传统的开心形修剪法，主要骨架枝（主枝）留3~4个，每个主枝留2~3个侧枝，侧枝斜角大于45°。

【园林应用】二球悬铃木生长速度快、主干高大、分枝能力强、树冠广阔，并有滞积灰尘、吸收硫化氢等有毒气体的作用，宜作行道树及庭荫树。（二维码3-063~3-066）

6. 垂柳 *Salix babylonica* L.（图3-35）

【别名】柳树。

【科属】杨柳科，柳属。

【产地与分布】原产于长江流域与黄河流域，现其他各地也有栽培。

【识别要点】垂柳识别要点见表3-18，垂柳形态特征如图3-36所示。

图3-35 垂柳

表3-18 垂柳识别要点

识别部位	识别要点
皮干	树皮灰黑色，不规则开裂
枝	枝细，下垂，浅褐黄色、浅褐色或带紫色，无毛
芽	无顶芽，侧芽单生，芽鳞帽状，黄褐色
叶	叶狭披针形或线状披针形，叶缘有细锯齿
花	雌雄异株，花序先叶开放，或与叶同时开放，柔荑花序。花期3~4月
果	蒴果带绿黄褐色。果期4~6月

a) 皮干　　b) 小枝　　c) 叶　　d) 雄花序　　e) 雌花序　　f) 果

图3-36 垂柳形态特征

【生态习性】喜光；喜温暖湿润气候，较耐寒；喜潮湿、深厚的酸性及中性土壤；耐水湿，但也能生于土层深厚的高燥地区；萌芽力强，根系发达，生长迅速。

【品种及同属其他种】'龙须柳'枝条卷曲。本属杂交种金枝垂柳冬枝金黄色。旱柳及其栽培品种'馒头柳''绦柳''龙须柳'等应用广泛。（二维码3-067、3-068）

【繁殖方法】扦插为主，也可用种子繁殖。

【栽培管理】苗圃地培养胸径为4~6cm的苗木，重点培养干形；培养胸径为7~10cm的苗木，重点培养冠形；通过适当修剪促进垂柳长直。栽植在冬季落叶后至第二年早春芽未萌动时进行，栽后要充分浇水并立支柱。

【园林应用】垂柳枝条细长，生长迅速，自古以来深受我国人民喜爱。垂柳最宜配植在水边，如桥头、池畔、河流、湖泊等水系沿岸处，也可作庭荫树、行道树、公路树。（二维码3-069、3-070）

7. **垂丝海棠** *Malus halliana* Koehne（图3-37）

【别名】垂枝海棠。

【科属】蔷薇科，苹果属。

【产地与分布】原产于我国，云南、山东、四川、安徽、河南、浙江、陕西等省均有分布。

图3-37 垂丝海棠

【识别要点】垂丝海棠识别要点见表3-19，垂丝海棠形态特征如图3-38所示。

表3-19 垂丝海棠识别要点

识别部位	识别要点
皮干	皮灰白色，有皮孔
枝	小枝细弱，微弯曲，圆柱形，最初有毛，不久脱落，紫色或紫褐色
芽	冬芽卵形，先端渐尖，无毛或仅在鳞片边缘具有柔毛，紫色
叶	叶片卵形或椭圆形至长椭卵形，先端长渐尖，基部楔形至近圆形，边缘有圆钝细锯齿
花	花5~7朵簇生，伞总状花序，未开时为红色，开后渐变为粉红色，多为半重瓣，也有单瓣花。花梗细弱，下垂，有稀疏柔毛，紫色。花期3~4月
果	果实梨形或倒卵形，略带紫色，成熟很迟，萼片脱落。果期9~10月

【生态习性】喜光，不耐阴；喜温暖湿润气候，也不耐寒；喜土层深厚、疏松、肥沃、排水良好略带黏质的土壤；不耐水涝，盆栽须防止水渍，以免烂根。

【同属其他种】西府海棠是我国传统的庭园观赏树。北美海棠包括多个种及变种和品种，近年在我国园林中应用广泛。（二维码3-071、3-072）

【繁殖方法】用扦插、压条、嫁接等方法繁殖。

【栽培管理】移栽在落叶后至萌芽前进行，大苗带土球，适当缩冠有利于移栽后成活。移栽后立即浇透水，以后保持土壤湿润又不过湿。修剪宜在花谢后或休眠期进行，剪去徒长枝、病虫枝、交叉枝、萌蘖枝。盆栽在夏季要适当遮阳。

【园林应用】垂丝海棠花色艳丽，花姿优美，是深受人们喜爱的庭院木本花卉。垂丝海棠可丛植于草坪、林缘、池畔、坡地、窗前、建筑物前；列植于园路旁；对植于门厅两侧；也可做切花、树桩盆景。（二维码3-073~3-075）

a) 皮干　　　　b) 小枝、叶和果　　　　c) 花

图 3-38　垂丝海棠形态特征

8. 梅 *Prunus mume* Siebold et Zucc.（图 3-39）

图 3-39　梅

【别名】春梅、干枝梅、酸梅、乌梅。

【科属】蔷薇科，李属。

【产地与分布】我国各地均有栽培，但以长江流域以南各省栽培最多，江苏北部和河南南部也有少数品种。

【识别要点】梅识别要点见表 3-20，梅形态特征如图 3-40 所示。

表 3-20　梅识别要点

识别部位	识别要点
皮干	树皮浅灰色或带绿色，平滑
枝	小枝绿色，光滑无毛
芽	叶芽瘦小，呈尖细的三角形；花芽比叶芽肥大，呈纺锤形。花芽与叶芽常混生成并列芽
叶	叶宽卵形，先端尾状渐长尖，基部宽楔形，近圆，细尖锯齿

(续)

识别部位	识别要点
花	花单生或有时2枚同生于1个芽内,香味浓,先叶开放;花萼通常为红褐色,但有些品种的花萼为绿色或绿紫色;花瓣白色、粉色或红色。花期1~3月
果	果实近球形,黄色或绿白色,味酸;果肉与核粘在一起;果期5~6月,在华北地区果期延至7~8月

图3-40 梅形态特征

【生态习性】喜光,稍耐阴;喜温暖湿润气候,不耐干燥气候,有一定的耐寒能力;喜表土疏松、肥沃、排水良好、底土稍黏的湿润土壤;耐瘠薄,怕积水。

【品种分类】按种型分为真梅种系、杏梅种系和樱李梅种系。其下按枝姿等又分为直枝梅类、垂枝梅类、龙游梅类、杏梅类、樱李梅类。类下又有多种花型,常见的有宫粉型、绿萼型、玉蝶型、朱砂型等。(二维码3-076~3-079)

【繁殖方法】播种、扦插、压条和嫁接繁殖。

【栽培管理】栽培应选择向阳地带,整形以自然开心形为宜,以疏剪为主,一般在开花前疏剪病枝、枯枝及徒长枝,花谢后进行全面整形。露地栽植的梅花,冬季北方应采取适当措施进行防寒。做切花栽培的梅花,株行距要小,主干留低,并适当重剪,多施肥。盆栽梅花,盆土宜疏松、肥沃、排水良好,盆底施足基肥,置于通风向阳处养护,按"疏、欹、曲"且苍劲自然的原则进行修剪。

【园林应用】梅苍劲古雅,疏枝横斜,傲霜斗雪,是我国传统名花,最宜植于庭院、草坪、低山丘陵,可孤植、丛植及群植,传统常以松、竹、梅为"岁寒三友"而配植;还可盆栽观赏,做成各式桩景或作切花瓶插供室内装饰用。(二维码3-080~3-083)

9. 桃 *Amygdalus persica* L.(图3-41)

【科属】蔷薇科,桃属。

【产地与分布】原产于我国,各省区广泛栽培,现世界各地均有栽植。

【识别要点】桃识别要点见表3-21,桃形态特征如图3-42所示。

图3-41 桃

表 3-21 桃识别要点

识别部位	识别要点
皮干	树皮暗红褐色，老时粗糙呈鳞片状
枝	小枝细长，无毛，有光泽，绿色，向阳处转变成红色，具有大量小皮孔
芽	冬芽圆锥形，顶端钝，外被短柔毛，常 2~3 个形成并列芽，中间为叶芽，两侧为花芽
叶	叶片长圆披针形、椭圆披针形或倒卵状披针形，先端渐尖，基部宽楔形，叶缘具有细锯齿或粗锯齿
花	花单生，先叶开放，花梗极短或几乎无梗，花瓣长圆状椭圆形至宽倒卵形，粉红色，极少为白色。花期 3~4 月
果	果卵球形，表面密生茸毛，肉质多汁。果实成熟期因品种而异

a) 皮干　　b) 芽　　c) 叶　　d) 花　　e) 果

图 3-42 桃形态特征

【生态习性】喜光，不耐阴；耐干旱气候，有一定的耐寒力；对土壤要求不严，耐贫瘠、盐碱、干旱，不耐积水；在黏重土壤栽种易发生流胶病。

【常见品种】观赏桃品种有'单瓣白桃''千瓣白桃''白碧桃''碧桃''绛桃''红花碧桃''千瓣红桃''绯桃''撒金碧桃''紫叶桃''垂枝桃''寿星桃'等。食用桃品种有'油桃''蟠桃''黏核桃''离核桃''黄肉桃''冬桃'等。（二维码 3-084~3-087）

【繁殖方法】嫁接、播种为主，也可压条繁殖。

【栽培管理】栽培时多整形成开心形树冠，控制树冠内部枝条，使其透光良好。北方应注意春灌，南方应注意梅雨季排水。冬季施基肥，开花前、花芽分化前施追肥。

【园林应用】桃花烂漫妩媚，品种繁多，栽培简易，是园林中重要的春季花木；可孤植、丛植、列植、群植于山坡、池畔、山石旁、草坪、林缘等处；最宜与柳树配植于池边、湖畔，形成"桃红柳绿"的动人春色。（二维码 3-088、3-089）

10. 红叶李 *Prunus cerasifera* **f.***atropurpurea*（Jacq.）**Rehd.**（图 3-43）

【别名】紫叶李。

图 3-43 红叶李

【科属】蔷薇科，李属。
【产地与分布】原产于亚洲西南部，现我国华北及其以南地区广为种植。
【识别要点】红叶李识别要点见表3-22，红叶李形态特征如图3-44所示。

表3-22 红叶李识别要点

识别部位	识别要点
皮干	皮干紫灰色
枝	多分枝，枝条细长，开展。小枝暗红色，无毛
芽	冬芽卵圆形，有数枚覆瓦状排列的鳞片，紫红色
叶	叶卵形至倒卵形，边缘具有重锯齿。叶片、叶柄暗红色
花	花单生或2~3枚聚生，花瓣浅粉色。萼、雄蕊暗红色。3~4月开花
果	果实近球形，外面有沟槽，成熟时红色，微被蜡粉。果期6~7月

a) 皮干　　　b) 小枝和叶　　　c) 花　　　d) 果

图3-44 红叶李形态特征

【生态习性】喜光；喜温暖湿润气候；喜肥沃、深厚、排水良好的中性、酸性土壤，以沙砾土为好，黏质土也能生长；根系较浅，萌生力较强。

【繁殖方法】用扦插、嫁接、高空压条等方法繁殖。

【栽培管理】春、秋两季均可移栽，以春季为好。定植时施足底肥，浇透水，苗木成活后加强肥水管理，保持土壤湿润，适时松土除草，秋末的时候适量施1次肥。红叶李最佳的树形是疏散分层形，也可以采用自然开心形。在对各层主枝进行修剪的时候，应适当保留一些侧枝，使树冠充实，却又不空洞。在树形基本形成后，每年只需要适当修剪，如疏除过密、下垂、重叠和枯死枝即可。

【园林应用】红叶李叶色鲜艳，春、秋两季颜色更深。园林中孤植于庭院或草坪；丛植于园林绿地，与常绿树配植；群植或片植构成风景林，独特的叶色和姿态一年四季都很美丽，但应用时须慎选背景的色泽。（二维码3-090~3-092）

11. 山樱花 *Prunus serrulata* Lincll.（图3-45）

【别名】樱花、山樱桃。
【科属】蔷薇科，李属。

图3-45 山樱花

【产地与分布】我国各地庭园均有栽培，引自日本，供观赏用。

【识别要点】山樱花识别要点见表3-23，山樱花形态特征如图3-46所示。

表3-23 山樱花识别要点

识别部位	识别要点
皮干	树皮灰褐色或灰黑色
枝	枝灰白色或浅褐色，无毛
芽	冬芽在枝端丛生数个或单生；芽鳞密生，黑褐色，有光泽。芽与枝夹角大
叶	叶片卵状椭圆形或倒卵椭圆形，先端渐尖，基部圆形，叶缘有渐尖单锯齿及重锯齿
花	伞房总状或近伞形花序，有2~3枚花；花瓣白色，极少为粉红色，倒卵形，先端下凹。花期4~5月
果	核果球形或卵球形，紫黑色。果期6~7月

a) 皮干

b) 小枝、芽和叶

c) 花

d) 果

图3-46 山樱花形态特征

【生态习性】喜光，喜深厚、肥沃而排水良好的土壤，有一定的耐寒能力。

【变种、品种及同属其他种】常见的变种有日本晚樱及其栽培品种。日本晚樱在园艺品种分类上，按花色分为白花、红花、绿花3大类，每个大类按幼叶的颜色分为绿芽、黄芽、褐芽、红芽4群，第3级依花型分为单瓣、复瓣、重瓣，以及小花种、大花种等分成系或种。此外，按各品种的特殊特征分为直生性、菊花型、有毛类等作为其他类别来描述。除日本晚樱外，其他变种有毛叶山樱花，品种有'关山樱''普贤象樱''松前红绯衣樱、'太白樱''仙台垂枝樱''一叶樱''郁金樱'等。同属植物东京樱花及其栽培品种在我国园林中应用广泛。（二维码3-093~3-109）

【繁殖方法】扦插、嫁接繁殖。

【栽培管理】移植在春季萌芽前进行，应注意保持根系完整，根部带宿土，大苗带土球。栽植时穴内施有机肥。养护期间注意浇水，保持湿润的环境。经常松土除草，雨季注意排水。秋季施基肥 1 次，入冬前浇封冻水。山樱花多采用自然开心形树形。修剪主要是剪去枯萎枝、徒长枝、重叠枝及病虫枝。另外，一般大山樱花树干上长出许多枝条时，应保留若干长势健壮的枝条，其余全部从基部疏除，以利于通风透光。

【园林应用】山樱花是著名观花树种，春季繁花竞放，轻盈娇艳，宜成片群植，也可散植于草坪、林缘、路边、溪旁、坡地等处。（二维码 3-110~3-113）

12. 合欢 *Albizia julibrissin* **Durazz.**（图 3-47）

图 3-47　合欢

【别名】绒花树、马缨花。
【科属】豆科，合欢属。
【产地与分布】产于我国东北至华南及西南各省区。
【识别要点】合欢识别要点见表 3-24，合欢形态特征如图 3-48 所示。

表 3-24　合欢识别要点

识别部位	识别要点
皮干	树干灰黑色
枝	小枝有棱角，嫩枝被绒毛或短柔毛
芽	冬芽为鳞芽，无顶芽。侧芽小，宽卵形或近球形，栗褐色，微有毛
叶	二回偶数羽状复叶，互生，小叶镰刀形或窄矩形，全缘
花	头状花序，花丝粉红色，花萼管状。花期 6~8 月
果	荚果带状果期 10 月

【生态习性】喜光；喜温暖湿润气候，耐寒；宜在排水良好、肥沃的土壤生长，耐瘠薄及轻度盐碱；耐旱，但不耐水涝；对 SO_2、氯化氢（HCl）等有害气体有较强的抗性。

【繁殖方法】播种繁殖。

【栽培管理】移栽在春季萌芽前或秋季落叶之后至土壤封冻前进行，小苗可裸根移植，大苗需带土球。栽前修剪劈裂根，栽时使根系舒展，踏实，浇透水。大苗立支架防风倒，雨季注意排水防涝。合欢树宜采用自然开心形树形。及时疏除死枝、过密枝、病虫枝、交叉枝等，以增强观赏效果。

a) 皮干　　　　　　　b) 叶和花　　　　　　　c) 果

图 3-48　合欢形态特征

【园林应用】合欢树冠开阔，叶纤细如羽，花粉红色，是优美的庭荫树和行道树，植于房前屋后及草坪、池畔等处均相宜；对有毒气体抗性强，可作工厂绿化树和生态保护树。（二维码 3-114~3-116）

13. 槐 *Sophora japonica* L.（图 3-49）

图 3-49　槐

【科属】豆科，槐属。

【产地与分布】原产于我国，现南北各省区广泛栽培，华北和黄土高原地区尤为多见。

【识别要点】槐识别要点见表 3-25，槐形态特征如图 3-50 所示。

表 3-25　槐识别要点

识别部位	识别要点
皮干	树皮灰褐色，纵裂
枝	一年生枝暗绿色，具有浅黄色皮孔
芽	冬芽紫褐色，无顶芽，具有柄下裸芽，半隐藏于叶柄内，极小
叶	奇数羽状复叶，小叶 7~17 枚，卵形或卵状短圆形，先端尖，基部圆形至宽楔形，叶柄基部膨大
花	圆锥花序，花浅黄绿色。花期 7~8 月
果	荚果肉质，串珠状。果期 8~10 月

a) 皮干　　b) 小枝　　c) 叶　　d) 花　　e) 果

图 3-50　槐形态特征

【生态习性】喜光，稍耐阴；耐寒，喜干冷气候；喜深厚、湿润、肥沃、排水良好的沙壤土，较耐瘠薄，石灰性及轻度盐碱土壤也能正常生长；深根性，根系发达，抗风；萌芽力强，耐修剪，寿命长；对 SO_2、Cl_2、HCl、HF 及烟尘抗性较强。

【变型及品种】五叶槐、'龙爪槐'、'金枝国槐'等。（二维码 3-117~3-121）

【繁殖方法】主要为播种繁殖，也可扦插繁殖。

【栽培管理】移栽在秋季落叶后或春季萌芽前进行，裸根栽植容易成活。国槐多采用高干自然开心形树形，在主干上留 3~5 个主枝，每个主枝上着生 2~3 个侧枝。树冠郁闭后，疏除干枯枝、细弱枝、过密枝、病虫枝等。

【园林应用】国槐是庭院常用的特色树种，其枝叶茂密，绿荫如盖，适宜作庭荫树，在我国北方多用作行道树；配植于公园、建筑四周、街坊住宅区及草坪上，也极相宜。（二维码 3-122）

14. 紫薇 *Lagerstroemia indica* L.（图 3-51）

图 3-51　紫薇

【别名】痒痒花、痒痒树、百日红、无皮树。

【科属】千屈菜科，紫薇属。

【产地与分布】我国广东、广西、湖南、福建、江西、浙江、江苏、湖北、河南、河北、山东、安徽、陕西、四川、云南、贵州及吉林均有生长或栽培。

【识别要点】紫薇识别要点见表3-26，紫薇形态特征如图3-52所示。

表3-26 紫薇识别要点

识别部位	识别要点
皮干	老树干树皮剥落，平滑细腻
枝	小枝纤细，略呈四棱形，常有狭翅
叶	叶互生或有时对生，纸质，椭圆形、阔矩圆形或倒卵形，顶端短尖或钝形，有时微凹，基部阔楔形或近圆形
花	圆锥花序着生于当年生枝端，花色多为玫红色、大红色、深粉红色、浅红色、紫色、白色等。花期6~9月
果	蒴果椭圆状球形或阔椭圆形，幼时绿色至黄色，成熟时或干燥时呈紫黑色，种子有翅。果期9~12月

a) 皮干　　b) 小枝和叶　　c) 花

d) 果

图3-52 紫薇形态特征

【生态习性】喜光，略耐阴；喜温暖湿润气候，有一定耐寒力和耐旱力；喜肥沃、湿润而排水良好的石灰性土壤或沙壤土；忌种在地下水位高的低湿地方；开花早，寿命长，萌芽力强，耐修剪。

【变型及品种】银薇、'红薇'、'复色矮紫薇'、'红火箭紫薇'等。（二维码 3-123~3-125）

【繁殖方法】播种、扦插、压条、分株、嫁接繁殖。

【栽培管理】紫薇萌芽较晚，移栽以 3~4 月为宜。大苗带土球栽植。北方选择背风向阳处栽植。栽前施足基肥，栽后及时浇水。幼树冬季注意防寒。紫薇耐修剪，发枝力强，新梢生长量大。因此，花谢后要将残花疏除，可延长花期，随时疏除徒长枝、重叠枝、交叉枝、辐射枝及病枝，以免消耗养分。

【园林应用】紫薇在夏季开花，达百日之久，故称为"百日红"，是形、干、花皆美而具有很高观赏价值的树种；可作为小干道和公路的绿化树种，庭院、公共绿地的观赏树种，单位、工矿区的绿化树种；还可孤植于园林中，独树也成景。（二维码 3-126、3-127）

15. 石榴 *Punica granatum* L.（图 3-53）

图 3-53　石榴

【别名】安石榴、山力叶、丹若、若榴木。

【科属】石榴科，石榴属。

【产地与分布】我国南北方都有栽培，以江苏、河南等地种植面积较大。

【识别要点】石榴识别要点见表 3-27，石榴形态特征如图 3-54 所示。

表 3-27　石榴识别要点

识别部位	识别要点
皮干	树皮粗糙，灰褐色，上有瘤状突起
枝	枝顶常成尖锐长刺，幼枝具有棱角，老枝近圆柱形
叶	单叶在长枝上对生或在短枝上簇生，长椭圆形或长倒卵形，先端尖，全缘
花	花两性，依子房发达与否有钟状花和筒状花之别，前者结实，后者凋落不结实，一般一至数枚着生于当年新枝顶端或叶腋间。花期 5~6 月
果	浆果近球形，通常为浅黄褐色或浅黄绿色，有时白色，极少为暗紫色。果期 9~10 月

【生态习性】喜光，不耐阴，在阴处生长开花不良；喜温暖气候，有一定耐寒能力；耐瘠薄和干旱，怕水涝；喜肥；对 SO_2 和 Cl_2 的抗性较强。

【常见品种】'白石榴''黄石榴''玛瑙石榴''墨石榴''千瓣红花石榴''月季石榴''重瓣白花石榴'

等。(二维码 3-128~3-130)

图 3-54 石榴形态特征

【繁殖方法】播种或分株繁殖。

【栽培管理】栽植于秋季落叶后至第二年春季萌芽前进行。栽植时要带土球，地上部分适当短截修剪，栽后浇透水。石榴喜肥，栽培时要求施足底肥。易萌蘖，应及时除根蘖，花谢后或冬、春季节及时进行树体整形。

【园林应用】石榴春季新叶嫩红色，夏季红花似火，鲜艳夺目，入秋丰硕的果实挂满枝头，是叶、花、果兼优的庭园树，宜在阶前、庭前、亭旁、墙隅等处种植。(二维码 3-131)

16. 栾树 *Koelreuteria paniculata* Laxm. (图 3-55)

图 3-55 栾树

【别名】灯笼树。
【科属】无患子科，栾属。
【产地与分布】原产于我国，自辽宁起经中部至西南部的云南等省区有分布。
【识别要点】栾树识别要点见表3-28，栾树形态特征如图3-56所示。

表3-28　栾树识别要点

识别部位	识别要点
皮干	树皮灰褐色，细纵裂
枝	小枝稍有棱，无顶芽，有明显突起的皮孔
芽	冬芽为鳞芽，无顶芽。侧芽三角状宽卵形，先端钝，褐色
叶	奇数羽状复叶，有时部分小叶深裂而成不完全的二回羽状复叶，小叶7~15枚，卵形或椭圆形，先端尖或渐尖，叶缘具有粗锯齿，近基部常有深裂片
花	圆锥花序，顶生，花小，金黄色。花期6~7月
果	蒴果，果皮薄膜质，三角状卵形，形状似灯笼，成熟时为橘红色或红褐色。果期8~9月

a) 皮干　　d) 果　　c) 花

图3-56　栾树形态特征

【生态习性】喜光，耐半阴；耐寒；对土壤要求不严，耐干旱、瘠薄，也能耐盐渍及短期涝害；深根性，萌蘖性强；有较强的抗烟尘能力。

【繁殖方法】播种繁殖为主，也可扦插繁殖。

【栽培管理】春季发芽前可裸根移植，其他时间移栽需带土球。栽后浇水3次，此后也应保持土壤湿润，12月初应浇足封冻水，第二年3月初要及时浇返青水。栽植时施足底肥，生长期还应进行追肥。栽植时一般做截干处理。

【园林应用】栾树春季嫩叶多为红叶，夏季黄花满树，入秋叶色变黄，果实紫红，形似灯笼，十分美丽；宜作庭荫树、行道树及园景树，同时也可作为居民区、工厂区及村旁绿化树种。（二维码3-132、3-133）

17. 无患子 *Sapindus mukorossi* L.（图3-57）

【别名】洗手果、木患子。

图3-57　无患子

【科属】无患子科,无患子属。

【产地与分布】我国产于东部、南部至西南部,各地寺庙、庭园和村边常见栽培。

【识别要点】无患子识别要点见表3-29,无患子形态特征如图3-58所示。

表3-29 无患子识别要点

识别部位	识别要点
皮干	树皮灰褐色,不裂
枝	嫩枝绿色,无毛。小枝浅黄色,无毛,有无数小皮孔
芽	芽2个叠生
叶	偶数羽状复叶,互生或近对生,卵状披针形或长椭圆形,先端尖,基部不对称,全缘,薄革质,无毛
花	圆锥花序顶生,花小,黄色。5~6月开花
果	核果近球形,成熟时黄色或橙黄色。种子球形,黑色,坚实。果期9~10月

a) 皮干　　b) 枝和叶　　c) 花　　d) 果

图3-58 无患子形态特征

【生态习性】喜光,稍耐阴;喜温暖气候,有一定耐寒能力;对土壤的要求不严,酸性土、微碱性土或碱性土均能适应,但喜土层深厚、肥沃、排水良好的沙质土壤;深根性,抗风力强;萌芽力弱,不耐修剪。抗SO_2能力强。

【繁殖方法】播种繁殖。

【栽培管理】移栽在春季芽萌动前进行,小苗带宿土,大苗须带土球。栽植后适当浇水,切勿积水。为促进枝繁叶茂,要特别注意保护顶芽,切忌碰伤,除密生枝和病虫枝要及时修剪外,其余枝应任其生长。无患子喜肥,多施肥料有利于促进生长发育,提高抗风性。

【园林应用】无患子树冠开展,枝叶稠密,秋叶金黄,是优良的秋色叶树种;可作庭荫树和行道树及造林树种。(二维码3-134)

18. 鸡爪槭 *Acer palmatum* Thunb.(图3-59)

【别名】鸡爪枫、槭树。

【科属】无患子科,槭属。

【产地与分布】 我国长江流域各省及山东、河南等地区有分布。

图 3-59 鸡爪槭

【识别要点】 鸡爪槭识别要点见表 3-30，鸡爪槭形态特征如图 3-60 所示。

表 3-30 鸡爪槭识别要点

识别部位	识别要点
皮干	树皮深灰色
枝	小枝细瘦，当年生枝紫色或浅紫绿色，多年生枝浅灰紫色或深紫色
芽	冬芽在叶柄内侧，芽尖三角形，红色，不贴枝
叶	叶基部心形或近心形，极少为截形，5~9 掌状分裂，通常 7 裂，裂片长圆卵形或披针形，先端锐尖或长锐尖，边缘具有紧贴的尖锐锯齿
花	花紫色，杂性，伞房花序，叶发出以后才开花。花期 5 月
果	翅果嫩时紫红色，成熟时浅棕黄色；小坚果球形，翅与小坚果张开成钝角。果期 9~10 月

a) 皮干　　　　b) 小枝和芽　　　　c) 叶和果　　　　d) 花

图 3-60 鸡爪槭形态特征

【生态习性】 喜光，耐半阴，夏季忌日光曝晒；喜温暖湿润气候，抗寒性强；喜湿润和富含腐殖质的土壤，酸性、中性及石灰性土均能适应；较耐干燥，不耐水涝；生长速度中等偏慢。

【常见品种】 '羽毛槭''暗紫细叶鸡爪槭''紫羽毛槭''红枫''金叶鸡爪槭'等。（二维码 3-135、3-136）

【繁殖方法】播种、嫁接繁殖。

【栽培管理】移植需选择较为庇荫、湿润而肥沃的地方，在秋、冬季落叶后或春季萌芽前进行。移植大苗时必须带土。秋季叶片为红色的品种，夏季要给予充分的光照，并施肥浇水，入秋后以干燥为宜。

【园林应用】鸡爪槭叶形秀丽，入秋叶色红艳，为园林中常见的观叶树种。在园林绿化中，常将不同品种配植于一起，形成色彩斑斓的槭树园，与常绿树配植突出其色彩的艳丽；植于山麓、池畔，配以山石；还可植于花坛中做主景树，植于园门两侧、建筑物一角，装点风景；以盆栽用于室内美化，也极为雅致。（二维码3-137）

图3-61 元宝槭

19. 元宝槭 *Acer truncatum* Bunge（图3-61）

【别名】平基槭、华北五角槭、色树、元宝树。

【科属】无患子科，槭属。

【产地与分布】产于吉林、辽宁、内蒙古、河北、山西、山东、江苏北部、河南、陕西、甘肃等省区。

【识别要点】元宝槭识别要点见表3-31，元宝槭形态特征如图3-62所示。

表3-31 元宝槭识别要点

识别部位	识别要点
皮干	树皮灰黄色，纵裂
枝	小枝浅土黄色，光滑无毛，具有皮孔
芽	芽卵形，芽鳞2~3对，棕色或浅褐色
叶	叶片掌状5裂，有时中央裂片的上段再2裂；基部截形，极少近于心形，裂片先端尖，全缘，两面无毛
花	花黄绿色，顶生伞房花序。花期4月
果	翅果扁平，两翅展开约成直角，翅较宽，其长度等于或略长于果核。果期9~10月

a) 皮干　　b) 小枝　　c) 叶　　d) 花　　e) 果

图3-62 元宝槭形态特征

【生态习性】喜侧方庇荫；喜温凉湿润气候，耐寒，不耐热；喜湿润、肥沃、土层深厚的土壤；

深根性，生长速度中等；对 SO_2、HF 的抗性较强，吸附粉尘的能力也较强。

【繁殖方法】种子繁殖。

【栽培管理】春季移栽可定干抹头，裸根栽植，挖大根系，栽前修剪劈裂根，干上锯口涂防腐剂，栽时使根舒展，栽后踏实，浇透水 3~4 次。注意中耕、松土，雨季防止积水烂根。生长季节保持土壤湿润，入秋保持干燥，以便利于叶片变色。冬季修剪选择健壮枝条 4~5 个，疏除萌蘖枝、弱枝，培育树冠。以后每年掰芽去蘖，疏除枯枝、病虫枝、内膛细弱枝、直立徒长枝等。

【园林应用】元宝槭嫩叶红色，秋叶黄色、红色或紫红色，树姿优美，叶形秀丽，为优良的观叶树种；宜作庭荫树、行道树或风景林树种。（二维码 3-138~3-140）

20. 白蜡树 *Fraxinus chinensis* **Roxb.**（图 3-63）

【别名】青榔木、白荆树。

【科属】木樨科，梣属。

【产地与分布】产于南北各省区，多为栽培。

【识别要点】白蜡树识别要点见表 3-32，白蜡树形态特征如图 3-64 所示。

图 3-63　白蜡树

表 3-32　白蜡树识别要点

识别部位	识别要点
皮干	树皮灰褐色，纵裂
枝	小枝黄褐色，粗糙
芽	鳞芽阔卵形或圆锥形，被棕色柔毛或腺毛
叶	奇数羽状复叶，对生，小叶通常 5~7 枚
花	圆锥花序顶生或腋生于当年生枝上，花萼钟状，无花瓣。花期 4~5 月
果	翅果倒披针形。果期 7~9 月

a) 皮干

b) 枝　　c) 芽

d) 叶

图 3-64　白蜡树形态特征

e) 花　　　　　　　　　　　　f) 果

图 3-64　白蜡树形态特征（续）

【生态习性】喜光，喜湿润、肥沃的沙质和沙壤质土壤，耐干旱瘠薄，耐轻度盐碱。

【繁殖方法】播种繁殖。

【栽培管理】早春芽萌动前裸根移栽，掘苗时要保持根系完整，栽植穴内施足基肥，栽后及时浇水，7 天后再浇 1 次水。生长季每隔 15~20 天浇 1 次水，并及时松土除草。入冬前浇封冻水。大苗抹头栽植或带土球移栽，以提高栽植成活率。白蜡树整形用自然开心形或主干疏层形。定植后 2~3 年内要冬剪、夏剪相结合。4~5 年自然生长。多年生老树要注意回缩更新复壮。

【园林应用】在我国栽培历史悠久，分布很广。白蜡树形体端正，树干通直，枝叶繁茂而鲜绿，秋叶橙黄色，是优良的行道树、庭院树、公园树和遮阴树；可用于湖岸绿化和工矿区绿化。（二维码 3-141）

21. 毛泡桐 *Paulownia tomentosa*（Thunb.）**Steud.**（图 3-65）

【别名】紫花泡桐。

【科属】泡桐科，泡桐属。

【产地与分布】分布于辽宁南部、河北、河南、山东、江苏、安徽、湖北、江西等地，通常栽培，西部地区有野生。

【识别要点】毛泡桐识别要点见表 3-33，毛泡桐形态特征如图 3-66 所示。

图 3-65　毛泡桐

表 3-33　毛泡桐识别要点

识别部位	识别要点
皮干	树皮褐灰色
枝	小枝有明显皮孔，幼枝常具有黏质短腺毛
芽	常无顶芽
叶	叶片心脏形，顶端锐尖头，全缘或波状浅裂，正面毛稀疏，背面毛密或较疏
花	先叶开花，聚伞圆锥花序的侧枝不发达，小聚伞花序具有 3~5 枚花；花萼浅钟状，密被星状绒毛，5 裂至中部；花冠漏斗状钟形，外面浅紫色，有毛，内面白色，有紫色条纹。花期 5~6 月
果	蒴果卵圆形，先端锐尖，外果皮革质。果期 8~9 月

图 3-66 毛泡桐形态特征
a) 皮干　　c) 花　　b) 叶　　d) 果

【生态习性】喜光，不耐庇荫。对气候的适应范围较宽，38℃以上高温生长受到影响，绝对最低温度在 –25℃时受冻害；喜深厚、肥沃、湿润、疏松的土壤，较耐干旱与瘠薄；耐盐碱，耐风沙，在土壤 pH 为 6~7.5 之间生长最好；对 SO_2、Cl_2、HF 等有毒气体抗性很强。

【繁殖方法】分根、分蘖、播种和嫁接繁殖。

【栽培管理】春、秋两季均可移植，但以春季为好。苗木可裸根移植，定植后应裹干或树干刷白以防日灼。平日可粗放管理。修剪可采用疏散分层形或抹芽高干法。

【园林应用】盛花时繁花满树，清香扑鼻，花落后叶密而大，树荫葱郁，是良好的行道树、庭荫树；也是结合生产的优良树种。（二维码 3-142）

22. 楸 *Catalpa bungei* **C.A.Mey.**（图 3-67）

【别名】梓桐、金丝楸、旱楸蒜台、水桐。

【科属】紫葳科，梓属。

【产地与分布】产于河北、河南、山东、山西、陕西、甘肃、江苏、浙江、湖南。在广西、贵州、云南有栽培。

【识别要点】楸识别要点见表 3-34，楸形态特征如图 3-68 所示。

图 3-67　楸

表 3-34　楸识别要点

识别部位	识别要点
皮干	树干通直。树皮灰褐色、浅纵裂
枝	主枝开阔伸展，小枝灰绿色、无毛
叶	叶三角状卵形，先端渐长尖
花	顶生伞房状总状花序，花冠浅红色，内面具有 2 条黄色条纹及暗紫色斑点。花期 5~6 月
果	蒴果线形，种子狭长椭圆形，两端生长毛。果期 6~10 月

a) 皮干　　b) 小枝　　c) 叶　　d) 花　　e) 果

图 3-68　楸形态特征

【生态习性】喜光，幼苗耐庇荫；喜温暖湿润气候，不耐严寒；喜深厚、肥沃、湿润的土壤，不耐干旱、积水，稍耐盐碱；萌蘖性强，幼树生长慢，侧根发达；耐烟尘，抗有害气体能力强。

【繁殖方法】分根、扦根繁殖，也可用梓树、黄金树的实生苗作砧木嫁接繁殖。

【栽培管理】楸移栽春、秋两季均可。大苗带土球，栽植不宜过深。栽后浇透 3 次水，以后浇透封冻水和返青水，并根据季节及时浇水。楸树栽植时要施足基肥，每年秋末施腐熟有机肥。栽植时要截干处理，春季选取三四个生长强健、分布均匀的新生枝条做主枝，秋末落叶后对主枝进行中短截，选留外芽，以利于扩大树冠。

【园林应用】楸树姿俊秀，高大挺拔，枝繁叶茂，每至花期，繁花满枝，随风摇曳，令人赏心悦目；宜作庭荫树及行道树，也可孤植于草坪，或与建筑、山石配植。（二维码 3-143）

二、灌木类识别

（一）常绿（半常绿）灌木树种

1. 铺地柏 *Juniperus procumbens*（Siebold ex Endl.）Miq.（图 3-69）

图 3-69　铺地柏

【别名】爬地柏、匐地柏、偃柏。
【科属】柏科，刺柏属。
【产地与分布】原产于日本，我国各地园林中常见栽培。

【识别要点】铺地柏识别要点见表 3-35，铺地柏形态特征如图 3-70 所示。

表 3-35　铺地柏识别要点

识别部位	识别要点
皮干	树皮赤褐色，呈鳞片状剥落
枝	枝条延地面扩展，褐色，密生小枝，枝梢及小枝向上斜展
叶	刺形叶，3 枚叶交叉轮生，条状披针形，先端渐尖成角质锐尖头
果	球果近球形，被白粉，成熟时蓝黑色

a) 小枝和叶

b) 果

图 3-70　铺地柏形态特征

【生态习性】喜光，稍耐阴；适生于滨海湿润气候，耐寒；喜生于湿润、肥沃、排水良好的钙质土壤；耐旱，抗盐碱；萌生力较强；抗烟尘，抗 SO_2、HCl 等有害气体。

【繁殖方法】扦插、嫁接、压条繁殖。

【栽培管理】铺地柏喜湿润，日常管理要常浇水，但也不宜渍水。干旱时，可常喷叶面水，以保持叶色鲜绿。在生长季节，每月可施 1 次稀薄、腐熟的饼肥水。冬季施 1 次有机肥作基肥。修剪宜在早春新枝抽生前进行，将不需要发展的侧枝及时剪短，以促进主枝发育伸展。对影响树姿美观的枝条，可在休眠期（冬季）剪除。

【园林应用】铺地柏在园林中可配植于岩石园或草坪一角，也是缓土坡的良好地被植物，也经常盆栽观赏。

2. 含笑 *Michelia figo*（Lour.）**Spreng.**（图 3-71）

图 3-71　含笑

【别名】含笑花、含笑梅、山节子。
【科属】木兰科，含笑属。
【产地与分布】原产于华南地区。现在从华南至长江流域各省均有栽培。
【识别要点】含笑识别要点见表3-36，含笑形态特征如图3-72所示。

表3-36 含笑识别要点

识别部位	识别要点
皮干	树皮灰褐色
枝	分枝繁密。小枝有环状托叶痕，密被黄褐色绒毛
芽	芽密被黄褐色绒毛
叶	单叶互生，革质，椭圆形或倒卵形，先端渐尖或尾尖，基部楔形，全缘，叶面有光泽，叶背中脉上有黄褐色毛，叶背浅绿色
花	花单生于叶腋，花乳黄色，瓣缘常具紫色，有香蕉型芳香味。花期3~5月
果	蓇葖卵圆形或球形，顶端有短尖的喙。果期7~8月

图3-72 含笑形态特征

【生态习性】喜半阴条件，不耐烈日暴晒；喜温暖湿润环境，不耐寒；喜排水良好、肥沃深厚的微酸性土壤，不耐干燥贫瘠。

【繁殖方法】扦插、压条、嫁接和播种繁殖。

【栽培管理】春季移栽，移栽时要带土球。移栽后要浇透水，以后适量浇水，但不宜过湿。日常管理中，生长季节适量施肥，开花期和10月以后停止施肥；生长期和开花前需较多水分，但阴雨季节要注意防涝；含笑花不宜过度修剪，花谢后将影响树形的徒长枝、病弱枝和过密重叠枝进行修剪，并剪去果实，减少养分消耗。春季萌芽前，适当疏去一些老叶，以触发新枝叶。

【园林应用】含笑自然长成圆形，枝叶繁茂，花香浓郁，为著名芳香花木，适于在小游园、花园、公园或街道上成丛种植，也可配植于草坪边缘或稀疏林丛之下。（二维码3-144）

3. 十大功劳 *Mahonia fortunei*（Lindl.）Fedde（图 3-73）

图 3-73 十大功劳

【别名】狭叶十大功劳、老鼠刺、猫刺叶。
【科属】小檗科，十大功劳属。
【产地与分布】产于广西、四川、贵州、湖北、江西、浙江、河南等省。
【识别要点】十大功劳识别要点见表 3-37，十大功劳形态特征如图 3-74 所示。

表 3-37 十大功劳识别要点

识别部位	识别要点
枝	枝丛生
叶	奇数羽状复叶互生，小叶 5~9 枚，革质，披针形，无柄，先端急尖或渐尖，基部狭楔形，边缘有刺状锐齿
花	总状花序，小花黄色。花期 7~9 月
果	浆果圆形或长圆形，蓝黑色，被白粉。果期 9~11 月

a) 枝　　　　b) 叶　　　　c) 花　　　　d) 果

图 3-74 十大功劳形态特征

【生态习性】耐阴，忌烈日曝晒；喜温暖湿润气候，较耐寒；对土壤要求不严，但在湿润、排水良好、肥沃的沙质壤土中生长最好，极不耐盐碱，怕水涝。

【同属其他种】阔叶十大功劳在园林中广泛应用。（二维码3-145）

【繁殖方法】播种、扦插和分株繁殖。

【栽培管理】管理较为粗放。一般早春萌动前带土球移植，栽植时施足底肥，栽植后压实土，浇透水。干旱时注意浇水，最好能进行灌溉，可采用沟灌、喷灌、浇灌等方式。每年追肥2~3次即可，早春适量施入饼肥，入冬前浇1次腐熟饼肥或禽畜粪肥，就能健壮生长。

【园林应用】十大功劳叶形奇特，黄花成簇，是庭院花境、花篱的好材料；也可孤植、丛植，用作地被或盆栽观赏。

图3-75 南天竹

4. 南天竹 *Nandina domestica* **Thunb.**（图3-75）

【别名】天竺、南天竺、蓝天竹。

【科属】小檗科，南天竹属。

【产地与分布】产于福建、浙江、山东、江苏、江西、安徽、湖南、湖北、广西、广东、四川、云南、贵州、陕西、河南。

【识别要点】南天竹识别要点见表3-38，南天竹形态特征如图3-76所示。

表3-38 南天竹识别要点

识别部位	识别要点
枝	茎常丛生而少分枝，幼枝常为红色，老枝呈灰色
叶	叶对生，2~3回奇数羽状复叶，小叶椭圆状披针形
花	花白色，具芳香味，大形圆锥花序顶生。花期5~7月
果	浆果球形，成熟时鲜红色。果期9~10月，可宿存至第二年2月

a) 枝　　　　　b) 叶　　　　　c) 花　　　　　d) 果

图3-76 南天竹形态特征

【生态习性】喜光，也耐阴；喜温暖多湿气候，有一定耐寒性；喜肥沃、排水良好的沙质壤土，能耐微碱性土壤；对水分要求不严格，既能耐湿也能耐旱。

【变种及品种】红叶南天竹、火焰南天竹等。（二维码3-146）

【繁殖方法】以播种、分株繁殖为主，也可扦插繁殖。

【栽培管理】移栽春、秋两季均可，因根系浅，不宜深栽。栽后第一年内在春、夏、冬 3 季各中耕除草、追肥 1 次，同时还要补栽缺苗。以后每年只在春季或冬季中耕除草，追肥 1 次。南天竹喜湿润但怕积水，生长发育期间根据天气适量浇水，保持土壤湿润即可；开花时，浇水的时间和水量需保持稳定，防止忽多忽少，忽湿忽干，不然易引起落花落果；冬季植株处于半休眠状态，要控制浇水。冬季修剪整形，从基部疏去枯枝、细弱枝，促使萌发新枝。

【园林应用】南天竹树姿秀丽，羽叶秀美，入秋后树叶变红，红果累累，是常用的观叶、观果植物，园林中可丛植、篱植、群植、片植，也是常用的盆景树种。（二维码 3-147、3-148）

5. 红花檵木 *Loropetalum chinense* var.*rubrum* **Yieh**（图 3-77）

图 3-77　红花檵木

【别名】红檵木、红桎木、红檵花。
【科属】金缕梅科，檵木属。
【产地与分布】主要分布于长江中下游及以南地区，河南等地也有栽植。
【识别要点】红花檵木识别要点见表 3-39，红花檵木形态特征如图 3-78 所示。

表 3-39　红花檵木识别要点

识别部位	识别要点
皮干	树皮暗灰或浅灰褐色
枝	嫩枝红褐色，密被星状毛
叶	新叶鲜红色，老叶暗紫色
花	花瓣 4 枚，带状，浅紫红色。花期 4~5 月
果	蒴果木质，椭圆形。果期 8~10 月

【生态习性】喜光，稍耐阴，但阴时叶色容易变绿；喜温暖，耐寒冷；喜肥沃、湿润的微酸性土壤，耐旱；萌芽力和发枝力强，耐修剪。

【常见品种】'大叶红''大叶卷瓣红''大叶玫红''大红伏''冬艳紫红''冬艳玫红''冬艳亮红''冬艳卷瓣红'等。（二维码 3-149~3-152）

【繁殖方法】播种、扦插、嫁接繁殖。

【栽培管理】春、秋季移栽，移栽苗木宜带土球。施肥要选腐熟有机肥为主的基肥，结合撒施或穴施复合肥,注意充分拌匀,以免伤根。生长季节每 1~2 个月追磷、钾肥 1 次,能促进开花。南方梅雨季节,应注意保持排水良好;北方地区干燥季节及时浇水,保持土壤湿润。花期过后,应修剪整枝 1 次,8 月以后,花芽开始分化,应避免修剪,以免影响第二年开花。

a) 皮干　　　　　　　　b) 小枝和叶　　　　　　　　d) 果
c) 花

图 3-78　红花檵木形态特征

【园林应用】红花檵木常年叶色鲜艳,枝叶茂盛,是优良的常绿异色叶树种,花开时节,满树红花,极为壮观;广泛用于色篱、模纹花坛、灌木球、彩叶小乔木、桩景造型、盆景等城市绿化美化。(二维码 3-153~3-159)

6. 山茶 *Camellia japonica* L.(图 3-79)

图 3-79　山茶

【别名】曼陀罗树、耐冬、山茶花。
【科属】山茶科，山茶属。
【产地与分布】原产于我国，现在全国各地广泛栽培。
【识别要点】山茶识别要点见表3-40，山茶形态特征如图3-80所示。

表3-40 山茶识别要点

识别部位	识别要点
皮干	老干黄褐色
枝	小枝呈绿色或绿紫色至紫褐色
叶	叶革质，椭圆形，先端略尖，或急短尖而有钝尖头，基部阔楔形，正面深绿色，边缘有细锯齿
花	花单生或成对生于叶腋或枝顶，原种单瓣为红色。花期2~4月
果	蒴果圆球形，果期9~10月

a) 皮

b) 枝叶

c) 花

d) 果

图3-80 山茶形态特征

【生态习性】喜半阴，忌烈日；喜温暖气候，略耐寒；喜空气湿度大，忌干燥。喜肥沃、疏松的微酸性土壤。

【品种分类】山茶品种可分为3大类，12个花型，分别为：单瓣类（单瓣型）；复瓣类（半重瓣型、五星型、荷花型、松球型）；重瓣类（托桂型、菊花型、芙蓉型、皇冠型、绣球型、放射型、蔷薇型）。（二维码3-160~3-162）

【繁殖方法】以扦插、嫁接繁殖为主，也可压条、播种繁殖。

【栽培管理】山茶移栽以3~4月带土球为好，注意保持土壤湿润，以利于新芽生长。秋末施基肥，生长期结合浇水追施稀薄液肥，可使花繁叶茂。山茶生长较缓慢，不宜过度修剪，一般将影响树形的徒长枝及病虫枝、弱枝疏除即可。花谢后应及时修剪，减少养分消耗。栽培管理过程中，还要注意病虫害防治。

【园林应用】山茶树冠多姿，叶色翠绿，花大艳丽，为我国的传统园林花木；可配植于疏林边缘、假山石旁、亭台附近、庭院一角，或辟以专类园。北方宜盆栽观赏。

7. 海桐 *Pittosporum tobira*（Thunb.）Ait.（图3-81）

【别名】海桐花、山矾、七里香。
【科属】海桐花科，海桐花属。

图 3-81　海桐

【产地与分布】分布于长江以南滨海各省，多为栽培供观赏。

【识别要点】海桐识别要点见表 3-41，海桐形态特征如图 3-82 所示。

表 3-41　海桐识别要点

识别部位	识别要点
枝	老枝灰褐色，嫩枝绿色，被褐色柔毛，有皮孔
叶	叶聚生于枝顶，革质，倒卵形或椭圆形，先端圆钝，基部楔形，全缘，边缘反卷，厚革质，叶面深绿色，有光泽
花	花白色或浅黄色，有芳香味，成顶生伞形花序。花期 3~5 月
果	蒴果卵球形，有棱角，成熟时 3 瓣裂，露出鲜红色种子。果期 9~10 月

a) 枝和叶　　　　　　　　b) 花　　　　　　　　c) 果

图 3-82　海桐形态特征

【生态习性】喜光，稍耐阴；喜温暖湿润气候，耐寒冷，也耐暑热；喜肥沃、排水良好的土壤，耐盐碱；耐修剪，萌芽力强。

【繁殖方法】播种或扦插繁殖。

【栽培管理】海桐移植一般在 3 月进行。大苗在挖掘前必须用绳索收捆，以防折断枝条，且挖掘时一定要带土球。小苗可裸根移植，但也要及时栽植。日常管理注意保持树形，干旱适当浇水，秋、冬季施 1 次基肥。

【园林应用】海桐株形圆整,四季常青,花味芳香,种子红艳,为优良的观叶、观果植物;可植于花坛四周、草坪边缘、路旁、河边、建筑物周围,也可用作园林中的绿篱、绿带、色块等;尤宜于工矿区种植。北方可盆栽观赏。(二维码3-163~3-165)

8. 火棘 *Pyracantha fortuneana*(Maxim.)Li(图3-83)

图3-83 火棘

【别名】火把果、救军粮。
【科属】蔷薇科,火棘属。
【产地与分布】产于我国华东、华中及西南地区。
【识别要点】火棘识别要点见表3-42,火棘形态特征如图3-84所示。

表3-42 火棘识别要点

识别部位	识别要点
枝	枝条暗褐色,枝拱形下垂,幼枝有锈色短柔毛,短侧枝常成刺状
叶	叶互生,在短枝上簇生;叶柄短,倒卵状矩圆形,前端钝圆或微凹,有时有短尖头,基部楔形,边缘有钝锯齿,亮绿色
花	花白色,由多数花集成复伞房花序。花期3~5月
果	果实近球形,成熟时橘红色或深红色。果期8~11月

【生态习性】喜光,稍耐阴;喜温暖湿润气候,较耐寒;喜湿润、疏松、肥沃的壤土,耐贫瘠;萌芽力强,耐修剪。
【常见品种】'小丑火棘'等。(二维码3-166~3-170)
【繁殖方法】播种或扦插繁殖。
【栽培管理】火棘根浅,需带土移栽,以免伤根影响成活。管理粗放,每年秋季施1次基肥,开花前和坐果期各追肥1次,采果后追肥,可使果实鲜红不落。开花前后和夏初各灌水1次,有利于火棘的生长发育,冬季干冷气候地区,进入休眠期前灌封冻水。对火棘重剪主枝及骨干枝条,可控制树高度。

a) 小枝和叶　　　　　　b) 花　　　　　　c) 老枝和果

图 3-84　火棘形态特征

【园林应用】火棘入夏时白花点点，入秋后红果累累，是观花、观果的优良树种，在园林中可丛植、孤植，也可修成球形或绿篱。果枝还是瓶插的好材料，红果可经久不落。（二维码 3-171）

9. 冬青卫矛 *Euonymus japonicus* **Thunb.**（图 3-85）

图 3-85　冬青卫矛

【别名】大叶黄杨、正木。
【科属】卫矛科，卫矛属。
【产地与分布】我国南北各省区普遍栽培。
【识别要点】冬青卫矛识别要点见表 3-43，冬青卫矛形态特征如图 3-86 所示。

表 3-43　冬青卫矛识别要点

识别部位	识别要点
枝	小枝绿色，稍呈四棱形
叶	单叶对生，椭圆形或倒卵形，边缘有钝齿，表面深绿色，有光泽，革质
花	花绿白色，聚伞花序。花期 6~7 月
果	蒴果扁球形，浅红色；种子假种皮，橘红色。果期 9~10 月

图 3-86 冬青卫矛形态特征

a) 枝和叶　　b) 花　　c) 果

【生态习性】喜光，也耐阴；喜温暖湿润的气候，较耐寒；喜肥沃、排水良好的土壤，耐干旱瘠薄；极耐修剪整形；抗烟尘，抗多种有毒气体。

【常见品种】'金边大叶黄杨''金心大叶黄杨''银边大叶黄杨''银斑大叶黄杨'等。(二维码3-172、3-173)

【繁殖方法】可采用扦插、嫁接、压条繁殖，以扦插繁殖为主，极易成活。

【栽培管理】冬青卫矛移栽宜在3~4月进行，小苗可裸根蘸泥浆移植，大苗需带土球。生长季节根据旱情及时灌水，入冬前浇封冻水。绿篱或各种造型，每年在春、夏两季各进行1次修剪，疏除过密及过长枝。对冬青卫矛球冠，一年中需反复多次修剪外露枝，保持树形美观。

【园林应用】冬青卫矛是优良的园林绿化树种，可植于门旁、草地，或作大型花坛中心，也可用作绿篱、色块及背景种植材料，更适合用于规则式的对称配植。其变种叶色斑斓，可盆栽观赏。(二维码3-174)

10. 枸骨 *Ilex cornuta* Lindl.et Paxt.（图3-87）

图 3-87 枸骨

【别名】猫儿刺、老虎刺、鸟不宿。

【科属】冬青科，冬青属。

【产地与分布】分布于长江中下游各省区；现各地庭园常有栽培。

【识别要点】枸骨识别要点见表3-44，枸骨形态特征如图3-88所示。

表3-44 枸骨识别要点

识别部位	识别要点
皮干	树皮灰白色，平滑不裂
枝	幼枝具有纵脊及沟，沟内被微柔毛或变无毛，二年生枝褐色，三年生枝灰白色，具有纵裂缝及隆起的叶痕，无皮孔
叶	叶硬革质，长方形，顶端扩大并具有3枚大而尖硬的刺齿，叶端向后弯，基部平截，两侧各有1~2枚刺齿，叶面深绿色，有光泽，叶背浅绿色
花	雌雄异株，花小，黄绿色，簇生于二年生枝条的叶腋。花期4~5月
果	核果球形，成熟时鲜红色。果期10~12月

a) 皮干

b) 小枝

c) 叶和果

d) 花

图3-88 枸骨形态特征

【生态习性】喜光，也耐阴；喜温暖湿润气候；喜排水良好、肥沃、疏松的土壤。

【常见品种】'无刺枸骨'。（二维码3-175）

【繁殖方法】播种或扦插繁殖。

【栽培管理】枸骨移栽在春、秋两季进行，以春季较好。移植需带土球，并疏除部分枝叶，以减少蒸腾。每年6~7月疏除过高、过长的拥挤枝及枯枝、弱小枝，保持树冠生长空间，促使新枝萌生。3~4年整形修剪1次，创造和保持优美的树形。

【园林应用】枸骨枝叶稠密，叶形奇特，入秋后红果鲜艳夺目，是优良的观叶、观果树种。可孤植、对植或丛植，也可作基础种植及岩石园材料，同时又是很好的绿篱（兼有果篱、刺篱的效果）及盆栽材料。果枝可供瓶插，经久不凋。

11. 黄杨 *Buxus sinica* (Rehd.et Wils.) **M.Cheng**（图3-89）

【别名】黄杨木、小叶黄杨。

【科属】黄杨科，黄杨属。

【产地与分布】产于我国陕西、甘肃、湖北、四川、贵州、广西、广东、江西、浙江、安徽、江苏、山东等省区。

【识别要点】黄杨识别要点见表3-45，黄杨形态特征

图3-89 黄杨

如图 3-90 所示。

表 3-45 黄杨识别要点

识别部位	识别要点
枝	老枝圆柱形，有纵棱，灰白色小枝具有四棱脊，有短柔毛
芽	鳞芽
叶	单叶对生，革质，倒卵形或椭圆形，先端圆或微凹，全缘，叶片正面暗绿色，有光泽，叶片背面黄绿色
花	花序腋生，头状，花密集。花期 3 月
果	蒴果球形，背裂。果期 5~6 月

图 3-90 黄杨形态特征

【生态习性】喜光，耐阴；喜温暖湿润气候，稍耐寒；喜肥沃、湿润、排水良好的土壤，耐旱，稍耐湿，忌积水；萌芽力强，耐修剪；寿命长，但生长十分缓慢。

【变种及同属其他种】常见变种有矮生黄杨、尖叶黄杨、小叶黄杨、越橘叶黄杨、中间黄杨等。同属植物雀舌黄杨在我国园林中广泛应用。（二维码 3-176~3-181）

【繁殖方法】播种或扦插繁殖。

【栽培管理】黄杨移栽一般在春季进行，移栽需带土球。栽前应深施基肥，栽苗后浇透 3 次水。新移植的黄杨苗木，应抓紧在前期施肥，但要注意肥料浓度不能太大，以免灼伤新根。在苗木速生期，应加大施肥量和增加施肥次数，施用氮肥应在春、夏季进行。生长期随时疏除徒长枝、重叠枝及影响树形的多余枝条。

【园林应用】黄杨枝叶茂盛，翠绿可爱，园林中多用作绿篱、基础种植或修剪整形后孤植、丛植在草坪、建筑周围、路边；也可点缀山石；也可盆栽室内装饰。（二维码 3-182）

12. 八角金盘 *Fatsia japonica*（Thunb.）**Decne.et Planch.**（图 3-91）

【别名】八金盘、八手、手树。

【科属】五加科，八角金盘属。

【产地与分布】我国华北、华东及云南昆明庭园栽培。

【识别要点】八角金盘识别要点见表 3-46，八角金盘形态特征如图 3-92 所示。

图 3-91　八角金盘

表 3-46　八角金盘识别要点

识别部位	识别要点
枝	根基分枿丛生
叶	叶大，掌状，5~7 深裂，裂片长椭圆形，基部心形或楔形，有光泽，边缘有锯齿或波状。叶柄长，基部膨大
花	花白色，伞形花序集成圆锥花序，顶生。花期 10~11 月
果	浆果近球形，成熟时紫黑色，外被白色。果期第二年 5 月

a) 枝

b) 叶和果

c) 花

图 3-92　八角金盘形态特征

【生态习性】极耐阴，不耐强光暴晒；喜温暖湿润的气候，有一定耐寒力；喜排水良好和湿润的沙质壤土，不耐干旱。萌蘖性强。对 SO_2 抗性较强。

【繁殖方法】扦插、播种和分株繁殖。

【栽培管理】八角金盘移栽在 3~4 月进行，需带土球。每年追肥 4~5 次。在夏、秋高温季节，要勤浇水，并注意向叶面和周围空间喷水，以提高空气湿度。10 月以后控制浇水。

【园林应用】八角金盘叶形大而奇特，是优良的观叶树种，适宜配植于庭院、门旁、窗边、墙隅及建筑物背阴处，也可点缀在溪流旁，还可成片群植于草坪边缘及林地。北方常盆栽，供室内绿化观赏。（二维码 3-183~3-185）

13. 夹竹桃 *Nerium indicum* Mill.（图 3-93）

图 3-93　夹竹桃

【别名】柳叶桃、半年红。
【科属】夹竹桃科，夹竹桃属。
【产地与分布】我国各省区有栽培，尤以南方为多。
【识别要点】夹竹桃识别要点见表 3-47，夹竹桃形态特征如图 3-94 所示。

表 3-47　夹竹桃识别要点

识别部位	识别要点
皮干	树皮灰色，光滑
枝	嫩枝具棱，绿色
叶	叶 3~4 枚轮生，下枝为对生，革质，窄披针形，先端锐尖，基部楔形。边缘略内卷，中脉明显，侧脉纤细平行，与中脉成直角
花	聚伞花序顶生，红色、粉色、白色，有重瓣和单瓣之分。花期几乎全年，夏、秋季最盛
果	蓇葖果长柱形，栽培很少结果

a) 皮干

b) 小枝和叶

c) 花

图 3-94　夹竹桃形态特征

【生态习性】喜光，耐半阴；喜温暖湿润的气候，不耐严寒；喜排水良好、肥沃的中性土壤，微酸性、微碱性土也能适应；能耐一定干旱，忌水涝；萌蘖性强；对SO_2、Cl_2等有害气体的抵抗力强。

【常见品种】'白花夹竹桃''粉花夹竹桃''桃红夹竹桃''重瓣夹竹桃'等。（二维码3-186）

【繁殖方法】以压条繁殖为主，也可扦插繁殖。

【栽培管理】夹竹桃适应性强，管理粗放。地栽时，移栽需在春季进行，栽时重剪。夹竹桃毛细根生长较快，在9月中旬，应在主干周围切黄毛根疏根。切根后浇水，施稀薄的液体肥。盆栽要加强肥水管理，注意整形修剪，使枝条分布均匀，树形丰满。

【园林应用】夹竹桃的叶片如柳似竹，红花灼灼，胜似桃花，花冠粉红色至深红色或白色，常植于公园、庭院、街头、绿地等处；枝叶繁茂、四季常青，也是极好的背景树种；是工矿区等生长条件较差地区绿化的好树种。夹竹桃植株有毒，应用时应注意。（二维码3-187~3-190）

14. 小蜡 *Ligustrum sinense* Lour.（图3-95）

图3-95 小蜡

【别名】黄心柳、水黄杨、千张树。

【科属】木樨科，女贞属。

【产地与分布】产于江苏、浙江、安徽、江西、福建、台湾、湖北、湖南、广东、广西、贵州、四川、云南。北京、河南等地有栽培。

【识别要点】小蜡识别要点见表3-48，小蜡形态特征如图3-96所示。

表3-48 小蜡识别要点

识别部位	识别要点
皮干	树干灰白色，不裂
枝	小枝圆柱形，幼时被浅黄色短柔毛或柔毛
叶	单叶对生，薄革质，长椭圆形，先端锐尖或钝，基部圆形或阔楔形，叶背沿中脉有短柔毛
花	圆锥花序顶生或腋生，花白色，花梗长1~3mm，被短柔毛或无毛；花丝与裂片近等长或长于裂片，花期4~6月
果	浆果状核果，近圆形。果期11月

【生态习性】喜光，稍耐阴；较耐寒；对土壤的要求不严；耐修剪；抗SO_2等多种有毒气体。

【常见品种】'银姬小蜡''金姬小蜡'等。（二维码3-191）

【繁殖方法】播种、扦插繁殖。

【栽培管理】移植以2~3月为宜，秋季也可。需带土球，栽植时不宜过深，穴底施肥，促进生长。作为绿篱栽植，可通过重截，促使基部萌发较多枝条，形成丰满的灌丛。作为球形，一年中反复多次进行露枝修剪，形成丰满的球形。作为自然形，则不需多次修剪，只需疏除枯弱病枝、重叠枝、干扰枝即可。

【园林应用】小蜡常植于庭园观赏，丛植于林缘、池边、石旁都可；规则式园林中常可修剪成长、方、圆等几何形体，也可作绿篱应用。其干老根古，虬曲多姿，宜作树桩盆景。（二维码3-192~3-194）

a) 皮干　　b) 小枝和叶　　c) 花　　d) 果

图 3-96　小蜡形态特征

15. 栀子 *Gardenia jasminoides* Ellis（图 3-97）

图 3-97　栀子

【别名】栀子花、黄栀子、山栀、白蟾花。
【科属】茜草科，栀子属。
【产地与分布】原产于我国，分布在我国南部和中部地区。
【识别要点】栀子识别要点见表 3-49，栀子形态特征如图 3-98 所示。

表 3-49　栀子识别要点

识别部位	识别要点
皮干	树皮灰色
枝	小枝绿色，幼时具有细毛
叶	叶对生，或 3 枚轮生，革质，全缘
花	花芳香味，通常单朵生于枝顶；萼管倒圆锥形或卵形，有纵棱；花冠白色或乳黄色。花期 3~7 月
果	果黄色或橙红色。果期 5 月~第二年 2 月

　　a) 皮干　　　　　b) 小枝和叶　　　　　c) 花　　　　　　d) 果

图 3-98　栀子形态特征

【生态习性】喜光，耐半阴；喜温暖湿润气候，不耐寒；喜肥沃、排水良好的酸性土壤，在碱性土栽植时易黄化；萌芽力、萌蘖性均强，耐修剪更新。

【常见品种】'水栀子''大花栀子''重瓣栀子'等。（二维码 3-195、3-196）

【繁殖方法】扦插、压条繁殖为主，也可播种繁殖。

【栽培管理】栀子花移栽宜在梅雨季节进行，最好带土球，并适当遮阴，要求栽培地空气湿度较大、土壤肥沃。整形修剪以疏枝为主，要求主干少，花谢后及时疏除残花并对新梢进行摘心，控制树形。在北方栽培需施矾肥水或喷施硫酸亚铁溶液。

【园林应用】栀子花叶色四季常绿，开花芬芳香郁，是深受大众喜爱、花叶俱佳的观赏树种，可用于庭园、池畔、阶前、路旁丛植或孤植，用作花篱或在绿地组成色块；还可盆栽观赏，花可做插花和佩带装饰。（二维码 3-197）

16. 凤尾丝兰 *Yucca gloriosa* L.（图 3-99）

【别名】菠萝花、厚叶丝兰、凤尾兰。

【科属】天门冬科，丝兰属。

【产地与分布】在黄河中下游及其以南地区可露地栽植。

【识别要点】凤尾丝兰识别要点见表 3-50，凤尾丝兰形态特征如图 3-100 所示。

图 3-99　凤尾丝兰

表 3-50　凤尾丝兰识别要点

识别部位	识别要点
枝	干茎短，纤维质，有时有分枝
叶	叶剑形，厚革质，簇生茎端，叶尖硬刺状，叶片光滑而扁平，粉绿色，边缘略呈棕红色，通常有疏齿
花	顶生大型圆锥花序，花梗粗壮而直立，花乳白色，下垂
果	蒴果，长圆状卵圆形，下垂，不开裂

【生态习性】喜光，也耐阴；适应性强，耐寒；喜排水良好的沙壤土，耐水湿，耐旱，耐土壤贫瘠；能抗污染。

【繁殖方法】扦插或分株繁殖。

【栽培管理】凤尾丝兰叶片密生广展、顶端尖锐，起掘时先捆扎，裸根或带宿土均可。定植前施足基肥，定植后浇透水，解除捆扎物，放开叶子。养护管理极为简便，只需修剪枯枝残叶，花谢后及时疏除花梗。生长多年后可断茎更新。

a) 叶　　　　　　　　　　　b) 花

图3-100　凤尾丝兰形态特征

【园林应用】凤尾丝兰树姿奇特，叶形如剑，花序高耸挺立，白花繁多下垂，是良好的庭园观赏树木，常植于花坛中央、建筑前、草坪中、池畔、台坡、路旁及作为绿篱等栽植。（二维码3-198、3-199）

（二）落叶灌木树种

1. 紫玉兰 *Magnolia liliflora* Desr.（图3-101）

图3-101　紫玉兰

【别名】木兰、辛夷、木笔。
【科属】木兰科，木兰属。
【产地与分布】原产于我国湖北、四川、云南，现长江流域各省广为栽培。
【识别要点】紫玉兰识别要点见表3-51，紫玉兰形态特征如图3-102所示。

表 3-51　紫玉兰识别要点

识别部位	识别要点
皮干	树皮灰褐色
枝	小枝紫褐色，有环状托叶痕，光滑无毛，具有白色显著皮孔
芽	冬芽有细毛，花芽大，单生于枝顶
叶	单叶互生，椭圆形或倒卵形，先端渐尖，基部楔形，全缘
花	花先叶开放，大型，钟状，花瓣外面紫红色，内面带白色。花期 3~4 月
果	聚合果深紫褐色，变褐色，圆柱形。果期 8~9 月

a) 皮干　　b) 小枝　　c) 叶和花芽

d) 花　　e) 果

图 3-102　紫玉兰形态特征

【生态习性】喜光，不耐阴；较耐寒；喜肥沃、湿润、排水良好的土壤，忌黏质土壤，不耐盐碱；肉质根，忌水湿；根系发达，萌蘖性强。

【变种、品种及同属其他种】狭萼辛夷、荷兰红紫玉兰、'黑色紫玉兰'、'迷你鼠紫玉兰'等。同属二乔玉兰是玉兰与紫玉兰的杂交种，也有较多的变种与品种，在国内外庭园中普遍栽培。（二维码 3-200~3-203）

【繁殖方法】常用分株、压条法进行繁殖。

【栽培管理】紫玉兰移植可在秋季或早春开花前进行，小苗用泥浆沾渍，大苗必须带土球。花期前后各施肥1次，以磷、钾肥为主。夏季高温和秋季干旱季节，保持土壤湿度。花谢后和萌发新枝前，应疏除枯枝、密枝和短截徒长枝。

【园林应用】紫玉兰早春开花，花大、味香、色美，栽培历史较久，是我国人民所喜爱的传统花木；宜配植于庭前或丛植于草坪边缘，或与木兰科其他观花植物配植组成专类园（二维码3-204）。

2. 蜡梅 *Chimonanthus praecox*（L.）Link（图3-103）

图3-103 蜡梅

【别名】黄梅花、香梅。
【科属】蜡梅科，蜡梅属。
【产地与分布】产于湖北、陕西等省，现各地均有栽培。
【识别要点】蜡梅识别要点见表3-52，蜡梅形态特征如图3-104所示。

表3-52 蜡梅识别要点

识别部位	识别要点
枝	幼枝四方形，老枝近圆柱形，灰褐色，无毛或被疏微毛，有皮孔
芽	鳞芽通常着生于第二年生的枝条叶腋内，芽鳞片近圆形，覆瓦状排列，外面被短柔毛。花芽大，圆球形
叶	叶半革质，椭圆状卵形至卵状披针形，叶端渐尖，叶基部圆形或广楔形，叶正面有硬毛，叶背面光滑
花	花单生，花被两轮，外轮蜡黄色，内轮有紫色条纹，有浓香味。花期11月~第二年3月
果	果托坛状；小瘦果种子状，栗褐色，有光泽。果期4~11月

a) 皮干

b) 小枝

c) 小枝 d) 叶

e) 花

f) 果和种子

图3-104 蜡梅形态特征

【生态习性】喜光，能耐阴；耐寒；喜土层深厚、肥沃、疏松、排水良好的微酸性沙质壤土，在盐碱地上生长不良；耐旱，忌渍水；根茎部易发生萌蘖，耐修剪，易整形。

【变种及品种】狗牙蜡梅、素心蜡梅、'大花素心蜡梅'、馨口蜡梅、小花蜡梅等。（二维码 3-205~3-210）

【繁殖方法】繁殖以嫁接为主，分株、播种、扦插、压条也可。

【栽培管理】蜡梅移栽在秋季落叶后至早春进行为宜，要求带土球，栽植时施足基肥。栽后灌足水，定植不宜过深。栽后及时整形修剪，促发侧枝。平时浇水以维持土壤半墒状态为佳，雨季注意排水，开花期间，不宜浇水过多。花谢后及时摘残花，注意树体整体造型，适度修剪。

【园林应用】蜡梅花开于寒月早春，清香四溢，为冬季观赏佳品；配植于厅前、墙隅、窗外、假山、湖畔，均极适宜；作为盆花、桩景和瓶花也独具特色。（二维码 3-211~3-213）

3. 紫叶小檗 *Berberis thunbergii* 'Atropurpurea' （图 3-105）

【别名】红叶小檗。

【科属】小檗科，小檗属。

【产地与分布】产于我国浙江、安徽、江苏、河南、河北等地。我国各省市广泛栽培。

【识别要点】紫叶小檗识别要点见表 3-53，紫叶小檗形态特征如图 3-106 所示。（二维码 3-214）

图 3-105　紫叶小檗

表 3-53　紫叶小檗识别要点

识别部位	识别要点
枝	枝细密而有刺。幼枝紫红色或暗红色，老枝灰棕色或紫褐色
叶	叶小全缘，菱形或倒卵形，紫红色至鲜红色，叶背色稍浅
花	花黄色，2~5 枚成具短总梗并近簇生的伞形花序，或无总梗而呈簇生状。花期 4~6 月
果	浆果红色，椭圆体形，稍具光泽。果期 7~10 月

a) 老枝　　b) 小枝和叶　　c) 花　　d) 果

图 3-106　紫叶小檗形态特征

【生态习性】喜光，耐半阴，在光照稍差的环境中或植株密度过大时部分叶片会返绿；喜凉爽湿润的环境，耐寒，但不耐炎热高温；喜肥沃、排水良好的土壤，不耐水涝；萌蘖性强，耐修剪。

【繁殖方法】播种、扦插或分株繁殖。

【栽培管理】紫叶小檗移栽可在春季或秋季进行，裸根或带土球均可。生长期间，每月应施 1 次 20% 的饼肥水等液肥。紫叶小檗萌蘖性强，耐修剪，定植时可行强修剪，以促发新枝。入冬前或早春前疏剪过密枝或截短长枝，花谢后控制生长高度，使株形圆满。施肥可隔年，秋季落叶后，在根际周围开沟施腐熟厩肥或堆肥 1 次，然后埋土并浇足封冻水。

【园林应用】紫叶小檗叶色紫红，春开黄花，秋缀红果，是良好的观叶、观花、观果和刺篱材料。园林中可在园路一角丛植，点缀于池畔、岩石间；也可与常绿树种配植作色块组合，布置花坛、花境，效果均较好；还可以盆栽观赏或剪取果枝瓶插供室内装饰用。（二维码 3-215、3-216）

4. 牡丹 *Paeonia suffruticosa* Andr.（图 3-107）

【别名】富贵花、花王、洛阳花。

【科属】毛茛科，芍药属。

【产地与分布】全国栽培甚广。栽培面积最大的地区有菏泽、洛阳、北京、临夏、彭州、铜陵县等。

图 3-107　牡丹

【识别要点】牡丹识别要点见表 3-54，牡丹形态特征如图 3-108 所示。

表 3-54　牡丹识别要点

识别部位	识别要点
枝	分枝短而粗
叶	叶通常为二回三出复叶，偶尔近枝顶的叶为 3 枚小叶；顶生小叶宽卵形，裂片不裂或 2~3 浅裂，侧生小叶狭卵形或长圆状卵形，2~3 浅裂或不裂
花	花单生枝顶，萼片 5 枚，绿色，宽卵形，大小不等；花瓣 5 枚，或为重瓣，玫瑰色、红紫色、粉红色至白色。花期 4~5 月
果	蓇葖果长圆形，密生黄褐色硬毛。果期 9 月

a) 枝　　　　b) 叶　　　　c) 花　　　　d) 果

图 3-108　牡丹形态特征

【生态习性】喜光，耐半阴，但不耐夏季烈日暴晒；喜温暖、凉爽环境，耐寒；喜疏松、深厚、肥沃、地势高燥、排水良好的中性沙壤土，酸性或黏重土壤中生长不良；耐干旱，耐弱碱，忌积水。

【品种分类】我国牡丹园艺品种十分丰富，目前已经达到1200多种，按花色可分为白花、黄花、粉花、红花、紫花、绿花等种类；按花期可分为早花、中花、晚花等种类；按花型可分为单瓣类、复瓣类、重瓣类3大类，及单瓣型、荷花型、菊花型、蔷薇型、托桂型、金环型、皇冠型、绣球型、菊花台阁型、蔷薇台阁型、皇冠台阁型、绣球台阁型等。（二维码3-217~3-232）

【繁殖方法】分株、嫁接、扦插、播种繁殖，但以分株及嫁接繁殖居多，播种方法多用于培育新品种。

【栽培管理】牡丹栽植时间以秋分至寒露期间最合适。栽植后浇1次透水。牡丹忌积水，生长季节酌情浇水。牡丹喜肥，栽植1年后，秋季可施肥，以腐熟有机肥料为主。栽培2~3年后需及时进行整形修剪，每株留3~5干为好，花谢后需及时剪去残花。

【园林应用】牡丹花大艳丽，雍容华贵，在我国栽培历史悠久，品种繁多，被称为"花中之王"，常用于古典园林、庭院、居住区、办公文化建筑等处作观赏花木。牡丹可孤植或三五株自由丛植，栽植于路边、景石旁、疏林下；规模群植于开阔地或自然坡地，营造专类园等；也可以筑花台种植或盆栽观赏。（二维码3-233）

5. 木槿 *Hibiscus syriacus* L.（图3-109）

图3-109 木槿

【别名】白饭花、朝开暮落花、篱障花。
【科属】锦葵科，木槿属。
【产地与分布】原产于亚洲东部，现我国各地均有栽培。
【识别要点】木槿识别要点见表3-55，木槿形态特征如图3-110所示。

表3-55 木槿识别要点

识别部位	识别要点
枝	小枝密被黄色星状绒毛
芽	冬芽为鳞芽，无顶芽，侧芽小
叶	叶菱形至三角状卵形，具有深浅不同的3裂或不裂，先端钝，基部楔形，边缘具有不整齐齿缺，托叶线形
花	花单生于枝端叶腋间，钟形，有纯白色、浅粉红色、浅紫色、紫红色等颜色，有单瓣、复瓣、重瓣3种花型。花期7~10月
果	蒴果卵圆形，密被黄色星状绒毛；种子肾形，成熟种子黑褐色，背部被黄白色长柔毛。果期9~11月

a) 老枝

b) 小枝

c) 叶

d) 花

e) 果

图3-110 木槿形态特征

【生态习性】喜光，稍耐阴；喜温暖湿润气候，耐热又耐寒；对土壤要求不严格，在重黏土中也能生长，较耐干燥和贫瘠；耐修剪，萌蘖性强；对SO_2与氯化物等有害气体具有很强的抗性。

【变种和变型】白花单瓣木槿、白花重瓣木槿、大花木槿、短苞木槿、粉紫重瓣木槿、长苞木槿、牡丹木槿、雅致木槿、紫花重瓣木槿等。（二维码3-234~3-242）

【繁殖方法】可播种、压条、扦插、分株繁殖，生产上主要运用扦插繁殖和分株繁殖。

【栽培管理】栽植在休眠期进行，小苗可裸根，大苗需带土球。栽植穴施足腐熟厩肥。从春季萌动到开花前至少浇3次透水，秋季少浇或不浇水，入冬前结合施肥浇足封冻水。苗期适当防寒。木槿当年生枝形成花芽开花，所以一般在早春进行修剪，修剪时主要是疏除枯枝、病虫枝、细弱小枝，以利于通风透光。

【园林应用】木槿是夏、秋季的重要观花灌木，南方多作花篱、绿篱；北方作庭园点缀及室内盆栽；也是污染工矿区的主要绿化树种。（二维码3-243）

6. 杜鹃 *Rhododendron simsii* Planch. （图3-111）

【别名】杜鹃花、山踯躅、映山红、金达莱。

【科属】杜鹃花科，杜鹃花属。

【产地与分布】广泛分布于长江流域各省，东至台湾，西南达四川省、云南省，在长白山区及大兴安岭、小兴安岭地区都有大量分布。

【识别要点】杜鹃识别要点见表3-56，杜鹃形态特征如图3-112所示。

图 3-111 杜鹃

表 3-56 杜鹃识别要点

识别部位	识别要点
枝	分枝多而纤细，密被亮棕褐色扁平糙伏毛
芽	花芽卵球形，鳞片外面中部以上被糙伏毛，边缘具睫毛
叶	叶革质，常集生于枝端，卵形、椭圆状卵形，先端短渐尖，基部楔形，两面均被糙伏毛，背面较密。叶柄密被亮棕褐色扁平糙伏毛
花	花 2~6 枚簇生于枝顶；花冠阔漏斗形，玫瑰色、鲜红色或暗红色，花期 4~5 月
果	蒴果卵球形，密被糙伏毛。果期 10 月

a) 小枝　　　b) 叶　　　c) 花　　　d) 果

图 3-112 杜鹃形态特征

【生态习性】杜鹃喜半阴；喜凉爽、湿润环境，既怕酷热又怕严寒，夏季要防晒遮阴，冬季应注意保暖防寒；喜富含腐殖质、疏松、湿润及 pH 为 5.5~6.5 的酸性土壤。

【变种及品种分类】白花杜鹃、紫斑杜鹃、彩纹杜鹃等。

生产实践中，杜鹃花品种通常是指由杜鹃花属的植物，经过人工选育得到的类群。目前全世界已登录杜鹃花品种超过 28000 个,可分为春鹃品系、夏鹃品系、西鹃品系、东鹃品系、高山杜鹃品系五大品系。(二维码 3-244~3-249)

【繁殖方法】常用播种、扦插和嫁接法繁殖,也可进行压条和分株繁殖。

【栽培管理】适宜在初春或深秋时栽植,栽植后浇 1 次透水,使根系与土壤充分接触,以利于根部成活生长。生长期注意浇水,保持土壤湿润,但勿积水。杜鹃喜肥又忌浓肥,冬末春初,施 1 次有机肥料做基肥,花谢后及秋季旺盛生长期可追肥,入冬后一般不宜施肥。日常修剪需疏除少数病枝、纤弱老枝,结合树冠形态疏除一些过密枝条,增加通风透光,有利于植株生长。

【园林应用】杜鹃花鲜艳夺目,被誉为花中西施,是我国十大名花之一;园林中最宜在林缘、溪边、池畔及岩石旁成丛成片栽植,也可于疏林下散植。杜鹃还可用作花篱或布置专类园,也是优良的盆景材料。(二维码 3-250~3-252)

7. 绣球 *Hydrangea macrophylla* (Thunb.) **Ser.** (图 3-113)

图 3-113　绣球

【别名】八仙花、紫阳花、紫绣球、粉团花。

【科属】绣球科,绣球属。

【产地与分布】产于山东、江苏、安徽、浙江、福建、河南、湖北、湖南、广东及其沿海岛屿、广西、四川、贵州、云南等省区。

【识别要点】绣球识别要点见表 3-57,绣球形态特征如图 3-114 所示。

表 3-57　绣球识别要点

识别部位	识别要点
枝	小枝粗壮,皮孔明显
叶	叶宽卵形或倒卵形,大而有光泽,有粗锯齿,先端短尖,基部宽楔形,无毛或背面微有毛,叶柄粗
花	伞房花序顶生,中间两性花可育,边缘为不育花,也有花序中几乎全由不育花组成。花白色、蓝色或粉红色。花期 6~7 月
果	蒴果长陀螺状

a) 枝

b) 叶

c) 花

图 3-114　绣球形态特征

【生态习性】喜阴，也可光照充足；喜温暖湿润气候，不耐寒；喜腐殖质丰富、排水良好、疏松的土壤，耐湿；在不同 pH 土壤中花色会有变化，在酸性土中呈蓝色，碱性土则以粉红色为主；萌蘖性强；抗 SO_2 等有毒气体能力强；病虫害少。

【常见品种】'无尽夏绣球''纱织小姐绣球''银边绣球''我一起八仙花''雪球绣球''白天使绣球'等。（二维码 3-253~3-261）

【繁殖方法】扦插、压条繁殖。

【栽培管理】绣球露地栽培冬季地上部分枯死，第二年从根茎萌发新梢再开花，如果在温室盆栽越冬，可保持常青。绣球花喜肥，生长期和开花前、花谢后适时追肥，经常浇灌矾肥水，可使植株枝繁叶绿。绣球花枝叶繁茂，需水量较多，在生长季要浇足水分使土壤保持湿润状态，但不能积水，否则会烂根。

【园林应用】绣球花大色美，园林中常配植在池畔、林荫道旁、树丛下、庭园的荫蔽处，也可配植于假山、土坡间，列植作花篱、花境及工矿区绿化。也可盆栽布置厅堂会场。（二维码 3-262）

8. 贴梗海棠 *Chaenomeles speciosa*（Sweet）**Nakai**（图 3-115）

图 3-115 贴梗海棠

【别名】铁角海棠、皱皮木瓜。

【科属】蔷薇科，木瓜海棠属。

【产地与分布】原产于我国陕西、甘肃、河南、山东、安徽等省，现全国各地均有栽培。

【识别要点】贴梗海棠识别要点见表 3-58，贴梗海棠形态特征如图 3-116 所示。

表 3-58 贴梗海棠识别要点

识别部位	识别要点
枝	枝条直立开展，有刺；小枝圆柱形，微屈曲，无毛，紫褐色或黑褐色，有疏生浅褐色皮孔
芽	冬芽三角卵形，先端急尖，近于无毛或在鳞片边缘具有短柔毛，紫褐色
叶	叶片卵形至椭圆形，极少为长椭圆形，先端急尖，极少为圆钝，基部楔形至宽楔形，边缘具有尖锐锯齿，托叶肾形或半圆形
花	花先叶开放，猩红色，极少为浅红色或白色。3~5 枚簇生于二年生老枝上；花梗短粗，长约 3mm 或近于无柄。花期 3~5 月
果	果实球形或卵球形，黄色或带黄绿色，有稀疏不明显斑点，芳香味；果梗短或近于无梗。果期 9~10 月

a) 老枝　　　　　b) 小枝和叶　　　　　d) 果

图 3-116　贴梗海棠形态特征

【生态习性】喜光，稍耐阴；喜温暖，也耐寒；对土壤的要求不严，酸性土、中性土都能生长；耐旱，忌水湿；根部有很强的萌生能力，耐修剪。

【常见品种】'白花贴梗海棠''红白二色贴梗海棠'等。（二维码 3-263~3-266）

【繁殖方法】主要以分株、扦插和压条繁殖，也可以播种繁殖。

【栽培管理】移植可在深秋或早春带土球进行。栽植时穴内施足基肥。以后每年在花谢后生长旺盛期浇 1~2 次肥水，入冬再施肥 1 次。每年早春发芽前浇 1 次水，以后干旱时及时浇水，雨季注意排水防涝，秋后浇封冻水。贴梗海棠萌芽力强，强剪易长徒长枝，故幼时不强剪。树冠成形后，注意修剪小侧枝，让基部萌发成枝。每年秋季落叶后或春季萌动前进行常规修剪。

【园林应用】贴梗海棠早春先花后叶，花色艳丽，是重要的观花灌木，适于庭院墙隅、路边、池畔种植，也可盆栽观赏。（二维码 3-267、3-268）

9. 榆叶梅 *Prunus triloba* **Lindl.**（图 3-117）

图 3-117　榆叶梅

【别名】榆梅、小桃红、榆叶鸾枝。

【科属】蔷薇科，李属。

【产地与分布】产于黑龙江、吉林、辽宁、内蒙古、河北、山西、陕西、甘肃、山东、江西、江苏、浙江等省区。全国各地多数公园内均有栽植。

【识别要点】榆叶梅识别要点见表3-59，榆叶梅形态特征如图3-118所示。

表3-59 榆叶梅识别要点

识别部位	识别要点
枝	枝紫褐色或褐色，粗糙
芽	冬芽为鳞芽，深紫红色，顶芽卵形。侧芽3个或2个并生，或单生
叶	短枝上的叶常簇生，一年生枝上的叶互生；叶宽椭圆形或倒卵形，先端渐尖或3裂状，基部宽楔形，边缘有不等的粗重锯齿
花	花先叶开放，粉红色，常1~2枚生于叶腋，单瓣或重瓣。花期4~5月
果	核果球形，红色，有毛。果期5~7月

a) 皮干　　b) 小枝和叶　　c) 花　　d) 果

图3-118 榆叶梅形态特征

【生态习性】喜光，稍耐阴；耐寒；对土壤要求不严，以中性至微碱性的肥沃土壤为佳；根系发达，耐旱力强，不耐涝；抗病力强。

【常见变种】鸾枝、单瓣榆叶梅、半重瓣榆叶梅、重瓣榆叶梅等。（二维码3-269~3-271）

【繁殖方法】播种、嫁接繁殖。

【栽培管理】榆叶梅栽植在秋季落叶后或春季萌芽前进行，移植大苗需带土球，大树移栽前须断根。定植前穴施基肥，花谢后追施液肥，以利于花芽分化。从春季萌动到开花期间，浇水2~3次，雨季排涝，入冬前浇封冻水。幼龄阶段修剪时，花谢后适当短截花枝，促使腋芽萌发，多形成侧枝；植株进入中年以后，停止短截，疏剪内膛过密枝条；多年生植株要更新复壮。

【园林应用】榆叶梅枝叶茂密，花繁色艳，是优良的观花灌木，宜植于公园草地、路边，或庭园中的墙角、池畔等。将榆叶梅植于常绿树前，或配植于山石处，开花时能产生良好的观赏效果；也可以作为盆栽或者做切花使用。（二维码3-272）

10. 月季花 *Rosa chinensis* Jacq.（图 3-119）

图 3-119　月季花

【别名】月月红、月月花。
【科属】蔷薇科，蔷薇属。
【产地与分布】原产我国，各地普遍栽培。
【识别要点】月季花识别要点见表 3-60，月季花形态特征如图 3-120 所示。

表 3-60　月季花识别要点

识别部位	识别要点
枝	小枝粗壮，圆柱形，几乎无毛，有短粗的钩状皮刺
叶	奇数羽状复叶，互生，小叶 3~5 枚，卵圆形、椭圆形、倒卵形或广披针形，叶缘有锯齿，叶片光滑，有光泽，托叶与叶柄合生
花	花单生或成伞房花序、圆锥花序。花瓣 5 枚或重瓣，有白色、黄色、粉色、红色、紫色、绿色等单色或复色，花期 4~9 月
果	果实近球形，成熟时橙红色。果期 6~11 月

a) 小枝

b) 叶

c) 花

d) 果

图 3-120　月季花形态特征

【生态习性】喜日照充足、空气流通、排水良好而避风的环境，盛夏需适当遮阴；对土壤要求不严格,但以疏松、肥沃、富含有机质的微酸性沙壤土为好;耐寒、耐旱;有连续开花的特性。

【变种及品种】单瓣月季花、紫月季花、小月季、'绿萼月季'等。

现在栽培的月季,主要是由蔷薇属植物杂交育成的现代月季。现代月季品种众多,目前世界已经记载的品种达2万多个,可以分为'茶香月季'(HT.系)、'丰花月季'(聚花月季)(F./Fl.系)、'壮花月季'(Gr.系)、'藤本月季'(Cl.系)、'微型月季'(Min.系)、'灌木月季'(Sh.系)、'地被月季'(Gc.系)。(二维码3-273~3-278)

【繁殖方法】多采用扦插繁殖法,也可分株、压条繁殖。

【栽培管理】移植于3月芽萌动前进行。栽植穴施基肥,栽前进行强修剪。栽后及时灌水,雨季防涝。春季叶芽萌动展叶后,施稀薄液肥,促使枝叶生长。生长期多追肥,每月2次,以满足多次开花的需要,晚秋时应节制施肥,以免新梢过旺而遭冻害。修剪主要在冬季,剪枝强度视所需树形确定。花谢后及时疏除花梗,以节约营养,促进发新梢。

【园林应用】月季花色艳丽,花期长,是我国重要园林花卉之一,是花坛、花境、花带、花篱栽植的优良材料;在草坪、园路、庭园、假山等处配植也很合适;又可作盆栽及切花用。(二维码3-279~3-283)

11. 珍珠梅 *Sorbaria sorbifolia*(L.)**A.Br.**(图3-121)

图3-121 珍珠梅

【别名】山高粱条子、高楷子、八本条。

【科属】蔷薇科,珍珠梅属。

【产地与分布】产于辽宁、吉林、黑龙江、内蒙古。河北、江苏、山西、山东、河南、陕西、甘肃均有分布。

【识别要点】珍珠梅识别要点见表3-61,珍珠梅形态特征如图3-122所示。

表3-61 珍珠梅识别要点

识别部位	识别要点
枝	枝条开展;小枝圆柱形,幼枝绿色,老枝暗红褐色或暗黄褐色
芽	冬芽为鳞芽,无顶芽。侧芽卵形,紫褐色,先端钝
叶	奇数羽状复叶互生,小叶13~21枚,椭圆状披针形或卵状披针形,叶缘具重锯齿
花	顶生大型密集圆锥花序,花白色,花蕾似珍珠。花期7~8月
果	蓇葖果长圆形,果梗直立。果期9~10月

a) 小枝和芽　　b) 复叶　　c) 花　　d) 果

图 3-122　珍珠梅形态特征

【生态习性】喜光，也耐阴；耐寒；对土壤要求不严，在湿润肥沃的沙质壤土中生长最好，也较耐盐碱土；萌蘖性强。耐修剪。

【繁殖方法】以分株繁殖为主，也可播种繁殖。

【栽培管理】珍珠梅春季栽植较好。刚栽培时需施足基肥，一般不再追肥。以后每隔1~2年施1次基肥即可。春季干旱时要及时浇水，夏、秋季干旱时，浇水要透，入冬前还需浇1次防冻水。花谢后要及时修剪残留花枝、病虫枝和老弱枝。

【园林应用】珍珠梅的花、叶清丽，花期很长又值夏季少花季节，是北方庭园夏季主要的观花树种之一；可丛植于草坪、林缘、墙边、街头绿地、水面旁；也可作花篱或在背阴处栽植。（二维码3-284）

12. 紫荆 *Cercis chinensis* Bunge（图3-123）

图 3-123　紫荆

【别名】满条红、荆树。

【科属】豆科，紫荆属。

【产地与分布】产于华北、西北至华南地区。

【识别要点】紫荆识别要点见表 3-62，紫荆形态特征如图 3-124 所示。

表 3-62　紫荆识别要点

识别部位	识别要点
皮干	树皮灰白色，老时粗糙，浅纵裂
枝	小枝灰白色，呈"之"字形弯曲
芽	无顶芽；叶芽扁三角状卵形，常 2 个叠生；花芽在老枝上簇生，球形或短圆柱形，灰紫色
叶	叶纸质，近圆形或三角状圆形，宽与长相当或略短于长，先端急尖，基部浅至深心形，嫩叶绿色，仅叶柄略带紫色
花	花紫红色或粉红色，2~10 余枚成束，簇生于老枝和主干上，尤以主干上花束较多，越到上部幼枝花越少，通常先叶开放，但幼枝或幼株上的花与叶同时开放。花期 3~4 月
果	荚果扁狭长形。果期 8~10 月

a) 老枝　　b) 小枝和芽　　c) 叶　　d) 花　　e) 果

图 3-124　紫荆形态特征

【生态习性】喜光，稍耐阴；喜温暖湿润气候，较耐寒；喜肥沃、排水良好的土壤，不耐涝；萌芽力强，耐修剪。

【常见品种】'白花紫荆'等。（二维码 3-285、3-286）

【繁殖方法】播种、分株、扦插或压条繁殖。

【栽培管理】移栽于春季萌芽前进行，定植前施基肥，以后可不再施肥。每年春季萌芽前至开花期间，浇水 2~3 次。天气干旱时及时浇水，雨季注意排水防涝，秋季忌浇水过多，霜冻前灌越冬水。紫荆常用灌丛形树形。栽植当年只作轻度短截，促使多发新枝，第二年早春，进行重短截，促使从地面多生分枝。生长季节内进行摘心或剪梢，以调节枝间平衡生长。若萌蘖过多，适度疏除过密、过细的枝条，以利于通风透光。

【园林应用】紫荆先花后叶，花形如蝶，满树皆红，艳丽可爱，是优良的早春观花树种。多丛植于草坪边缘和建筑物旁，园路角隅或树林边缘。因开花时，叶尚未长出，可与常绿的松柏配植为前景或植于浅色的物体前面，如白粉墙前或岩石旁。（二维码 3-287、3-288）

13. 红瑞木 *Swida alba* Opiz（图 3-125）

图 3-125　红瑞木

【别名】凉子木、红梗木。
【科属】山茱萸科，梾木属。
【产地与分布】产于我国东北、华北、西北、华东等地。
【识别要点】红瑞木识别要点见表 3-63，红瑞木形态特征如图 3-126 所示。

表 3-63　红瑞木识别要点

识别部位	识别要点
枝	老枝暗红色。嫩枝橙黄色，入冬后转血红色，无毛
芽	冬芽为鳞芽，紫红色，芽鳞表面有褐色短柔毛
叶	单叶对生，卵形或椭圆形，先端尖，基部圆形或广楔形，全缘
花	花小，白色或浅黄白色，花瓣 4 枚，伞房状聚伞花序顶生。花期 6~7 月
果	果实卵圆形，蓝白色或带白色。果期 8~10 月

【生态习性】喜光，耐半阴；喜温暖潮湿的气候，极耐寒；喜湿润、疏松、肥沃的土壤，较耐旱；耐修剪。
【常见品种】'花叶红瑞木''金叶红瑞木''芽黄红瑞木'等。（二维码 3-289~3-291）
【繁殖方法】播种、扦插或压条繁殖。
【栽培管理】红瑞木定植时，每穴应施腐熟堆肥作底肥，以后每年春季或秋季开沟施追肥。栽后初期应勤浇水。移植后应进行重剪，以后每年适当修剪，早春萌芽进行更新修剪，将上一年生枝条短截，促其萌发新枝，保持枝条红艳。
【园林应用】红瑞木茎干入冬后变成鲜红色，为优良的冬季观枝干树种，宜丛植于庭园草坪、建筑物前或常绿树前，也可植于河边、湖畔、堤岸等处。此外，还可以栽植成各种色块、色带，不同色彩相互映衬，观赏效果甚佳。

a) 小枝和叶　　b) 冬枝
c) 花　　d) 果

图 3-126　红瑞木形态特征

14. 黄栌 *Cotinus coggygria* var. *cinereus* **Engl.**（图 3-127）

图 3-127　黄栌

【别名】红叶、烟树、黄栌木、黄栌树。

【科属】漆树科，黄栌属。

【产地与分布】原产于我国中部及北部地区，现遍布山西、陕西、甘肃、四川、云南、河北、河南、山东、湖北、湖南、浙江等省。

【识别要点】黄栌识别要点见表3-64，黄栌形态特征如图3-128所示。

表3-64 黄栌识别要点

识别部位	识别要点
皮干	树皮暗灰褐色
枝	嫩枝紫褐色，有蜡粉
叶	单叶互生，叶片全缘或具齿，叶柄细，无托叶，叶倒卵形或卵圆形
花	圆锥花序疏松、顶生，花小、杂性，仅少数发育；不育花的花梗花谢后伸长，被羽状长柔毛，宿存。花期4~5月
果	果肾形，果期6~7月

a) 皮干

b) 枝和叶

c) 花和果

图3-128 黄栌形态特征

【生态习性】喜光，也耐半阴；耐寒；喜土层深厚、肥沃而排水良好的沙质壤土，耐干旱瘠薄和碱性土壤，不耐水湿；生长快，根系发达，萌蘖性强；对 SO_2 有较强抗性。秋季昼夜温差大于10℃时，叶色变红。

【繁殖方法】以播种繁殖为主，也可分株和根插繁殖。

【栽培管理】春季栽植。黄栌须根较少，移栽时应对枝条进行强剪，有利于苗木成活。栽植后浇透3次水，每年都要浇好防冻水和解冻水。黄栌喜肥，栽植时可施用适量经腐熟发酵的牛马粪做基肥，需与底土充分拌匀。以后每年秋末施用1次农家肥。

【园林应用】黄栌秋叶红艳，是北方著名的观秋叶树种。初夏开花后，花序上羽毛状粉红色不育花梗缭绕树间，宛如炊烟万缕，引人入胜。黄栌适合城市大型公园、风景区内群植成林，可以单纯成林，也可与其他红叶或黄叶树种混交成林；还可以孤植或丛植于草坪一隅、山石旁、常绿树树丛前或单株混植于其他树丛间，以及常绿树群边缘。（二维码3-292~3-295）

15. 金钟花 *Forsythia viridissima* Lindl. （图3-129）

【别名】迎春柳、迎春条、金梅花、金铃花。

图3-129 金钟花

【科属】木樨科,连翘属。

【产地与分布】产于江苏、安徽、浙江、江西、福建、湖北、湖南、云南西北部。除华南地区外,全国各地均有栽培,尤以长江流域栽培较为普遍。

【识别要点】金钟花识别要点见表3-65,金钟花形态特征如图3-130所示。

表3-65 金钟花识别要点

识别部位	识别要点
枝	枝棕褐色或红棕色,直立。小枝绿色或黄绿色,呈四棱形,皮孔明显,节间具有片状髓
芽	顶芽纺锤形,侧芽2个叠生或单生
叶	叶片长椭圆形至披针形或倒卵状长椭圆形,先端锐尖,基部楔形,通常上半部具不规则锐锯齿或粗锯齿,极少为全缘
花	花先叶开放,黄色,1~3枚腋生。花期3~4月
果	果卵形或宽卵形。果期8~11月

a) 老枝

b) 小枝和芽

c) 叶

d) 花
e) 果

图3-130 金钟花形态特征

【生态习性】喜光,耐半阴;喜温暖湿润气候,耐热、耐寒;对土壤要求不严,盆栽要求疏松肥沃、排水良好的沙质土壤;耐旱、耐湿。

【繁殖方法】播种、扦插、压条及分株繁殖均可以,扦插繁殖最为方便。

【栽培管理】金钟花根系发达,可在生长季节进行移栽。移栽时应强修剪,以利于成活。栽后及时浇好定根水,以后根据土壤需水情况补充浇水,保持土壤湿润。每年花谢后疏除枯枝、弱枝、老枝及徒长枝,以促进新枝萌发,调整树形,第二年开花繁盛。早春及时浇水,同时在根系周围施有机肥1次,可促进枝叶生长,花大而繁。

【园林应用】金钟花先花后叶,金黄灿烂,是春季良好的观花植物,可丛植于草坪、墙隅、路边、树缘、院内庭前等处,也可作花篱,成片栽植。(二维码3-296、3-297)

16. 迎春花 *Jasminum nudiflorum* Lindl. (图3-131)

【别名】小黄花、金腰带、黄梅、清明花。

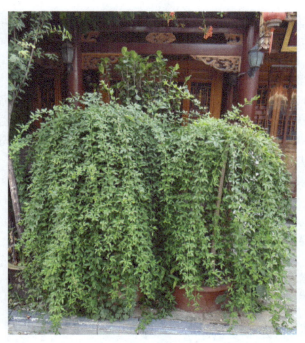

图 3-131 迎春花

【科属】木樨科，素馨属。

【产地与分布】产自我国北部、西北、西南各地。

【识别要点】迎春花识别要点见表 3-66，迎春花形态特征如图 3-132 所示。

表 3-66 迎春花识别要点

识别部位	识别要点
枝	枝条细长，呈拱形下垂生长。侧枝健壮，四棱形，绿色
芽	芽对生
叶	三出复叶对生，小叶卵状椭圆形，表面光滑，全缘
花	花单生于叶腋间，先叶开放，花冠高脚杯状，鲜黄色，顶端 6 裂或成复瓣。花期 2~4 月

a) 老枝

b) 小枝和叶

c) 花

图 3-132 迎春花形态特征

【生态习性】喜光,稍耐阴;喜温暖湿润的气候,略耐寒;喜疏松、肥沃和排水良好的沙质土壤,在酸性土壤中生长旺盛,碱性土壤中生长不良,不耐涝;根部萌发力强,枝条着地部分极易生根。

【繁殖方法】以扦插繁殖为主,也可压条、分株繁殖。

【栽培管理】定植时应施入适量腐熟的有机肥作基肥,以后每年秋季落叶后施1次有机肥。早春至开花前浇水2~3次,夏季不旱不浇水,秋季浇封冻水。迎春花生长较强,每年可于5月疏除强枝、杂乱枝,6月疏除新梢,留枝的基部2~3节左右,以集中养分供花芽分化。对过老枝条应重剪更新。若基部萌蘖过多,应适当拔出,使养分集中,并可保持株形整齐。

【园林应用】迎春花枝条披垂,花色金黄,叶丛翠绿色,是优良的早春观花灌木。冬枝鲜绿色,也可作冬季观枝干树种。在园林中宜配植在湖边、溪畔、桥头、墙隅、草坪、林缘、坡地等地,也可在房屋周围或屋顶栽植,也是盆栽和制作盆景的好材料。(二维码3-298~3-300)

17. 紫丁香 *Syringa oblata* Lindl. (图3-133)

图3-133 紫丁香

【别名】丁香、华北紫丁香。

【科属】木樨科,丁香属。

【产地与分布】原产于我国华北、东北及西北地区,现各地广为栽培。

【识别要点】紫丁香识别要点见表3-67,紫丁香形态特征如图3-134所示。(二维码3-301)

表3-67 紫丁香识别要点

识别部位	识别要点
皮干	树皮灰褐色或灰色
枝	小枝粗壮,光滑无毛,灰色,二叉分枝
芽	无顶芽,侧芽单生,卵形,有明显的四棱
叶	单叶对生,广卵形,通常宽大于长,先端渐尖,基部心形,薄革质或厚纸质,全缘
花	圆锥花序,花暗紫堇色,有芳香味。花期4~5月
果	果倒卵状椭圆形、卵形至长椭圆形。果期6~10月

【生态习性】喜光,稍耐阴,阴处或半阴处生长衰弱,开花稀少;喜温暖湿润气候,耐寒;喜排水良好、疏松的中性土壤,耐瘠薄;耐旱,忌积水。

【常见品种】'白丁香''罗兰紫丁香''紫云丁香'等。(二维码3-302、3-303)

【繁殖方法】播种、扦插、嫁接、压条或分株繁殖。

a) 小枝和叶　　b) 芽　　c) 花　　d) 果

图 3-134　紫丁香形态特征

【栽培管理】栽植时需带土球，并适当剪去部分枝条，栽后灌足水。以后每年春季天气干旱时，在芽萌动和开花前、后需各浇 1 次透水。雨季要特别注意排水防涝。紫丁香不喜肥，忌施肥过多，一般每年或隔年入冬前施 1 次腐熟的堆肥。花谢以后，如果不留种，可将残花连同花穗下部两个芽疏除，同时疏除部分内膛过密枝条，有利于通风透光和树形美观，也有利于促进萌发新枝和形成花芽。落叶后可疏除病虫枝、枯枝、纤细枝，并对交叉枝、徒长枝、重叠枝、过密枝进行适当短截，使枝条分布均匀，保持树冠圆整，以利于第二年生长和开花。

【园林应用】紫丁香花芬芳袭人，为著名的观赏花木之一。园林中可丛植于建筑前、茶室、凉亭周围；散植于园路两旁、草坪中；与其他种类丁香配植成专类园。还可盆栽观赏。（二维码 3-304）

18. 金银忍冬 *Lonicera maackii*（Rupr.）**Maxim.**（图 3-135）

图 3-135　金银忍冬

【别名】金银木、胯杷果。
【科属】忍冬科，忍冬属。
【产地与分布】产于我国东北、华北、华东、西北、西南等地。
【识别要点】金银忍冬识别要点见表 3-68，金银忍冬形态特征如图 3-136 所示。

表3-68 金银忍冬识别要点

识别部位	识别要点
枝	小枝中空
芽	冬芽为鳞芽，浅黄褐色或带褐色。侧芽小，2~3个叠生或单生，极少为并生
叶	单叶对生，卵状椭圆形至卵状披针形
花	花成对腋生，花冠先白色后黄色。花期5~6月
果	浆果红色，球形

a) 老枝

b) 小枝和叶

c) 花

d) 果

图3-136 金银忍冬形态特征

【生态习性】喜光，也耐阴；耐寒，耐旱，耐瘠薄；喜湿润、肥沃深厚的土壤；有较强的萌芽和萌蘖能力。

【繁殖方法】播种和扦插繁殖。

【栽培管理】金银忍冬移植在3月上中旬，栽后注意浇水。天旱时要及时浇水。栽植成活后进行1次整形修剪。花谢后短剪花枝，促发新枝，以利于第二年开花繁盛。秋季落叶后至春季萌芽前适当疏剪整形，同时疏除徒长枝、枯死枝，使枝条分布均匀。

【园林应用】金银忍冬初夏开花，花味芳香，先白色后黄色，黄白相映；秋季红果满枝，晶莹可爱，是花、果俱佳的观赏花木。园林中，常将金银忍冬丛植于草坪、山坡、林缘、路边或点缀于建筑周围。（二维码3-305）

19. 锦带花 *Weigela florida*（Bunge）**A.DC.**（图3-137）

【别名】锦带、海仙。

【科属】忍冬科，锦带花属。

【产地与分布】产于黑龙江、吉林、辽宁、内蒙古、山西、陕西、河南、山东北部、江苏北部等地。

【识别要点】锦带花识别要点见表3-69，锦带花形态特征如图3-138所示。

图3-137 锦带花

表 3-69　锦带花识别要点

识别部位	识别要点
枝	枝条开展，幼枝有两行柔毛
叶	叶对生，柄短或近无柄，叶椭圆形或卵状披针形，先端渐尖，基部圆形或楔形，边缘有锯齿，叶面脉上有毛，叶背有柔毛，脉上尤密
花	花单生或成聚伞花序生于侧生短枝的叶腋或枝顶，花冠紫红色或玫瑰红色。花期 4~6 月
果	蒴果柱状，光滑。果期 10 月

a) 小枝和叶　　　　　b) 花　　　　　c) 果

图 3-138　锦带花形态特征

【生态习性】喜光，耐阴；耐寒；喜深厚、湿润、腐殖质丰富的土壤，耐瘠薄；不耐水涝；萌芽力强，生长迅速；对 HCl 抗性强。

【常见品种】'红王子锦带花''斑叶锦带花''金叶锦带花''金亮锦带花''紫叶锦带花'。（二维码 3-306~3-310）

【繁殖方法】分株、扦插、压条或播种繁殖。

【栽培管理】锦带花栽植在春、秋两季进行，小苗带宿土，大苗带土球。栽植穴内施基肥。栽后每年早春萌芽前施 1 次腐熟堆肥。为使花朵繁茂，在开花前 1 个月进行适量灌水。在花期，可灌水 2~3 次，并进行少量的根外追肥。花谢后应及时摘去残花，以促进新枝生长。由于花芽主要着生于 1~2 年生枝条上，早春修剪要特别注意，一般只疏除枯枝、病弱枝、老枝。2~3 年进行 1 次更新修剪，冬季疏除 3 年以上老枝。

【园林应用】锦带花枝叶繁茂，花色艳丽，花期长，为东北、华北地区重要的观花灌木之一。锦带花适宜庭院墙隅、湖畔群植；可在树丛林缘作篱笆、丛植配植；也可点缀于假山、坡地。其花枝可供瓶插。（二维码 3-311~3-313）

三、藤木类识别

（一）常绿（半常绿）藤蔓树种

1. 叶子花 *Bougainvillea spectabilis* Willd.（图 3-139）

【别名】九重葛、三叶梅、毛宝巾、簕杜鹃、三角花。

【科属】紫茉莉科，叶子花属。

【产地与分布】产于美洲热带地区。我国南方栽培供观赏。

【识别要点】叶子花识别要点见表 3-70，叶子花形态特征如图 3-140 所示。

图 3-139 叶子花

表 3-70 叶子花识别要点

识别部位	识别要点
枝	茎有弯刺，并密生绒毛
叶	单叶互生，卵形全缘，先端渐尖，基部楔形，有柄，密被绒毛
花	花顶生，细小，常3枚簇生于3枚较大的苞片内，花梗与苞片的中脉合生，苞片大而美丽，有鲜红色、橙黄色、紫红色、乳白色等
果	瘦果五棱形，常被宿存的苞片包围，但很少结果

a) 枝

b) 叶

c) 花

图 3-140 叶子花形态特征

【生态习性】喜光，光照不足会影响开花；喜温暖湿润的气候，不耐寒；喜肥沃、疏松、排水好的沙质壤土；耐瘠薄，耐盐碱；喜水但忌积水，耐干旱；耐修剪，长势强。

【品种及同属其他种】叶子花品种多样，包括'白色三角梅''红色三角梅''砖红三角梅''朱锦三角梅''艳红三角梅''艳紫斑叶三角梅''金黄三角梅''紫红重瓣三角梅''双色三角梅'等。

同属植物光叶子花在园林中应用广泛，其形态与叶子花类似，但枝、叶无毛或稍有毛。其品种包括'橙色三角梅''亮叶三角梅''鸳鸯三角梅''艳紫三角梅''斑叶三角梅''光叶斑叶三角梅''茄色三角梅''艳紫重瓣三角梅''柠檬黄色三角梅'等。（二维码3-314~3-320）

【繁殖方法】扦插、压条或嫁接繁殖。

【栽培管理】南方多为地栽观赏，栽植时间为春季；北方则盆栽观赏。叶子花喜水但忌积水，生长期要及时浇水，雨季防涝。施肥量也随季节不同而不同，冬季停止施肥。叶子花长势强，每年需整形修剪，时间可于每年春季或花谢后进行，每5年进行1次重剪更新。生长期应及时摘心，促发侧枝，利于花芽形成，促进开花繁茂。对老株可剪短一些。

【园林应用】叶子花树势强健，花形奇特，色彩艳丽，缤纷多彩，花开时节格外鲜艳夺目。我国南方常用于庭院绿化，做花篱、棚架植物或配植于花坛、花带，均有其独特的风姿。叶子花还可作盆景、绿篱及修剪造型。（二维码3-321~3-325）

2. 扶芳藤 *Euonymus fortunei*（Turcz.）**Hand.-Mazz.**（图3-141）

图3-141　扶芳藤

【别名】爬行卫矛。
【科属】卫矛科，卫矛属。
【产地与分布】产于我国黄河流域以南各省，分布于华北、华东及西南各地。
【识别要点】扶芳藤识别要点见表3-71，扶芳藤形态特征如图3-142所示。

表3-71　扶芳藤识别要点

识别部位	识别要点
枝	茎匍匐或攀缘，枝生出吸附根并密生小瘤状突起
叶	叶对生，薄革质，椭圆形至椭圆状披针形，边缘有钝锯齿，叶面深绿色，有光泽
花	花绿白色，聚伞花序。花期5~6月
果	蒴果粉红色，近球状，果成熟时开裂，露出红色假种皮。果期10~11月

a）小枝和叶　　　　　　　　b）花　　　　　　　　c）果

图3-142　扶芳藤形态特征

【生态习性】耐阴；喜温暖湿润气候，较耐寒；耐干旱，耐瘠薄；适应性强，对土壤的要求不严。
【常见品种】'金边扶芳藤''金心扶芳藤''银边扶芳藤'等。（二维码3-326~3-330）
【繁殖方法】播种、扦插繁殖。
【栽培管理】扶芳藤春季移栽，定植时浇透水。平时的管理过程中，适时浇水、施肥、除草。一般较少修剪，若要控制其枝条过长生长，可于6月或9月进行适当修剪。
【园林应用】扶芳藤入秋后叶色变红，冬季青翠不凋，常用以点缀庭园粉墙、山石、假山等。

如果在大树下种植,古树青藤,更显自然野趣。(二维码 3-331)

3. 常春藤 *Hedera nepalensis* **K.Koch var.** *sinensis*(Tobl.)**Rehd.**(图 3-143)

图 3-143 常春藤

【别名】爬树藤、山葡萄、三角藤、爬崖藤。
【科属】五加科,常春藤属。
【产地与分布】产于华中、华南、西南及甘肃、陕西等省。
【识别要点】常春藤识别要点见表 3-72,常春藤形态特征如图 3-144 所示。

表 3-72 常春藤识别要点

识别部位	识别要点
枝	茎灰棕色或黑棕色,有气生根;一年生枝疏生锈色鳞片
叶	营养枝上的叶三角状卵形或近戟形,先端渐尖,基部楔形,全缘或 3 浅裂;花枝上的叶椭圆状卵形或椭圆状披针形,先端长尖,基部楔形,全缘
花	伞形花序单生或 2~7 枚顶生;花小,黄白色或绿白色。花期 5~8 月
果	果球形,浆果状,黄色或红色。果期 9~11 月

a) 老枝

b) 小枝和叶

c) 花

d) 果

图 3-144 常春藤形态特征

【生态习性】耐阴，也能生长在全光照的环境中；喜温暖湿润的气候，稍耐寒；喜湿润、疏松、肥沃的土壤，不耐盐碱。

【同属其他种】洋常春藤：幼枝上柔毛星状，叶常较大，3~5裂，原产于欧洲，现国内盆栽普遍，并有'彩叶常春藤''金心常春藤''金边常春藤''银边常春藤''花叶常春藤''卷缘常春藤'等众多观赏品种。（二维码3-332~3-336）

【繁殖方法】扦插或压条繁殖。

【栽培管理】常春藤在枝蔓停止生长期可进行栽植，但以春末夏初萌芽前栽植最好。定植后需加以修剪，促进分枝。生长季疏剪密生枝，保持均匀的覆盖度，适当施肥浇水。同时应根据实际需要，控制枝条长度。

【园林应用】常春藤可用以攀缘假山、墙垣、岩石或在建筑阴面作垂直绿化材料，也可作地被材料；或作盆栽供室内绿化观赏用。常春藤是藤本类绿化植物中用得最多的材料之一。（二维码3-337）

4. 金银花 *Lonicera japonica* **Thunb.**（图3-145）

【别名】忍冬、金银藤、鸳鸯藤。

【科属】忍冬科，忍冬属。

【产地与分布】我国各省均有分布。

【识别要点】金银花识别要点见表3-73，金银花形态特征如图3-146所示。

图3-145　金银花

表3-73　金银花识别要点

识别部位	识别要点
枝	茎褐色，幼枝绿色，密生柔毛
叶	单叶对生，叶卵圆形，幼时有毛，后脱落，叶柄密被短柔毛
花	花成对生于叶腋，二唇形，上唇4齿裂，下唇反卷，花冠管略长于裂片。花冠白色，有清香，花开1~2日后变黄。花期4~6月
果	浆果，成熟时黑色。果期10~11月，结果极少

a) 老枝

b) 小枝和叶

c) 花

d) 果

图3-146　金银花形态特征

【生态习性】喜光，也耐阴；喜温暖湿润气候，耐寒；对土壤要求不严，但以湿润、肥沃、深厚的沙质壤土生长最佳；耐干旱和水湿；根系发达，萌蘖性强，茎蔓着地即能生根。

【变种及品种】红金银花、'金脉忍冬'等。（二维码3-338~3-341）

【繁殖方法】多以扦插、压条繁殖，也可播种、分株繁殖。

【栽培管理】金银花一般春季裸根栽植。栽时要搭设棚架或种植在篱笆、透孔墙垣等处，以便攀缘生长。春季萌动时，浇水1~2次，秋后浇封冻水。除定植时施基肥外，一般不再施肥。金银花一般1年开两次花，第一次花谢后对新梢进行适当摘心，以促进第二批花芽的萌发。老株休眠期修剪，枝条适当短截，促发新枝，有利于多开花。

【园林应用】金银花的花色清雅，花味芳香，花期长，是色香兼具的藤本植物，可缠绕篱垣、花架、花廊等作垂直绿化；或附在山石上，植于沟边、林下、林缘、建筑物北侧用作地被；老桩可作盆景，姿态古雅。（二维码3-342、3-343）

（二）落叶藤蔓树种

1. 野蔷薇 *Rosa multiflora* Thunb.（图3-147）

图3-147　野蔷薇

【别名】多花蔷薇、蔷薇。

【科属】蔷薇科，蔷薇属。

【产地与分布】产于江苏、山东、河南等省。

【识别要点】野蔷薇识别要点见表3-74，野蔷薇形态特征如图3-148所示。

表3-74　野蔷薇识别要点

识别部位	识别要点
枝	小枝圆柱形，通常无毛，有短粗稍弯曲皮刺
叶	奇数羽状复叶互生；小叶5~9枚，倒卵状圆形至矩圆形，边缘有尖锐单锯齿，极少混有重锯齿；托叶篦齿状，大部贴生于叶柄
花	伞房花序圆锥状，花瓣5枚，白色。有重瓣栽培品种。花期5~6月
果	果球形至卵形，红褐色。果期7~9月

a) 枝和皮刺　　　b) 叶　　　c) 花　　　d) 果

图 3-148　野蔷薇形态特征

【生态习性】喜光，也耐半阴；较耐寒；喜疏松、肥沃、排水良好的土壤，耐瘠薄；耐干旱，忌积水；萌蘖性强，耐修剪；抗污染。

【变种及品种】粉团蔷薇、'白玉堂''变色粉团蔷薇''浓香粉团蔷薇''七姐妹'等。（二维码 3-344~3-346）

【繁殖方法】扦插繁殖为主，也可嫁接、压条、分株繁殖。

【栽培管理】移栽一年四季均可，春季栽植成活率高。栽前施基肥，生长季每月追肥 1 次。春季干旱多风，多浇水，雨季注意防涝，秋后浇封冻水。入冬前应进行修剪，疏除过密枝、病虫枝、徒长枝、枯枝，主侧枝修剪留外芽，当年生枝修剪在壮芽处，有利于抽生新枝。夏季修剪，疏除生长位置不当的枝条，短截花枝，生长枝适当留长，以增加第二年花量。

【园林应用】野蔷薇可植于花架、花格、绿廊、绿亭，也可美化墙垣。园林中变种和栽培变种很多，应用时可搭配使用。（二维码 3-347~3-350）

2. 紫藤 *Wisteria sinensis*（Sims）Sweet（图 3-149）

【别名】藤萝、朱藤。

【科属】豆科，紫藤属。

【产地与分布】产于河北以南的黄河、长江流域及广西、贵州。

【识别要点】紫藤识别要点见表 3-75，紫藤形态特征如图 3-150 所示。

图 3-149　紫藤

表 3-75 紫藤识别要点

识别部位	识别要点
枝	茎左旋，枝较粗壮
芽	冬芽无顶芽，侧芽卵形或卵状圆锥形，芽鳞 2~3 枚，褐色
叶	奇数羽状复叶，小叶 7~13 枚，卵状披针形或卵形，先端突尖，基部广楔形或圆形，全缘，幼时密生白色短柔毛，后逐渐脱落
花	总状花序下垂，长 15~25cm，花冠蓝紫色，有芳香味。花期 4~5 月
果	荚果扁，长条形，密被茸毛，悬垂枝上不脱落。果期 8~10 月

a) 枝　　b) 叶　　c) 花　　d) 果

图 3-150　紫藤形态特征

【生态习性】喜光，略耐阴；较耐寒；喜排水良好、深厚、肥沃疏松的土壤，耐瘠薄；耐干旱，忌水湿；生长迅速，寿命长；深根性，萌蘖性强。

【变型及同属其他种】白花紫藤：白色花，耐寒性较差。同属植物多花紫藤：小叶 13~19 枚，茎右旋，花序长 30~50cm。（二维码 3-351、3-352）

【繁殖方法】播种、分株、压条、扦插（包括根插）、嫁接繁殖。

【栽培管理】紫藤在 3 月栽植，施基肥，栽前疏除部分上部枝条，以利于成活，栽后及时浇水。每年秋季施一定量的有机肥和草木灰。早春萌芽期要勤浇水，入冬前浇封冻水。紫藤定植后，选留健壮枝作主枝培养，并将主枝缠绕在支柱上。平时管理简便，于休眠期间适当疏除过密枝及细弱枝，以利于开花，并调节生长。

【园林应用】紫藤老枝盘桓扭绕，宛若蛟龙，春季开花，形大色美，披垂下曳，适宜作棚架、门廊、山面绿化材料；还可修剪成灌木状栽植于河边或假山旁，也十分相宜。紫藤还是制作盆景的好材料。（二维码 3-353）

3. 地锦 *Parthenocissus tricuspidata*（S.et Z.）Planch.（图 3-151）

【别名】爬山虎、爬墙虎。

【科属】葡萄科，地锦属。

【产地与分布】产于我国吉林、辽宁、河北，

图 3-151　地锦

华东、华中、西南及华南各地。

【识别要点】地锦识别要点见表 3-76，地锦形态特征如图 3-152 所示。

表 3-76 地锦识别要点

识别部位	识别要点
枝	小枝圆柱形。卷须短，多分支，卷须顶端嫩时膨大呈圆珠形，后遇附着物扩大成吸盘
叶	单叶对生，通常着生在短枝上的为 3 浅裂，有时着生在长枝上的小型不裂，叶片通常为倒卵圆形，顶端裂片急尖，基部心形，边缘有粗锯齿
花	聚伞花序，常生在短枝顶端两叶之间；花小，浅黄绿色。花期 5~8 月
果	浆果球形，成熟时蓝黑色，被白粉。果期 9~10 月

a) 小枝和吸盘　　b) 叶　　c) 花　　d) 果

图 3-152 地锦形态特征

【生态习性】喜阴湿，但不耐强光；对气候适应广泛，耐寒；对土壤要求不严，耐贫瘠；耐修剪；对 SO_2 和 HCl 等有害气体有较强的抗性，对灰尘有吸附能力。

【同属其他种】五叶地锦：与地锦主要区别是掌状复叶，小叶 5 枚。（二维码 3-354）

【繁殖方法】播种、扦插或压条繁殖。

【栽培管理】地锦栽培容易，管理粗放。在早春萌芽前可裸根栽植，最好带宿土，栽时施基肥，修剪过长藤蔓，容易成活。初期每年追肥 1~2 次，并注意灌水，使其尽快沿墙吸附而上，2~3 年后可逐渐将墙面布满，以后可任其自然生长。初栽时重剪短截，以后每年及时疏除过密枝、干枯枝、病枝，使其分布均匀。

【园林应用】地锦夏季枝叶茂密，秋叶橙黄色或红色，常用作高大的建筑物、假山、立交桥等的垂直绿化；常攀缘在墙壁、岩石、栅栏、庭园入口、公园山石或老树枝干上；也可用作高速公路挖方路段的绿化材料。（二维码 3-355）

4. 凌霄 *Campsis grandiflora*（Thunb.）**Schum.**（图 3-153）

【别名】凌霄花、紫葳。

【科属】紫葳科，凌霄属。

【产地与分布】主产于我国中部地区，其他各地多有栽培。日本也有分布。

【识别要点】凌霄识别要点见表 3-77，凌霄形态特征如图 3-154 所示。

图 3-153 凌霄

表 3-77 凌霄识别要点

识别部位	识别要点
枝	树皮灰褐色，呈细条状纵裂，嫩枝向阳面常呈紫红色，具有多数气生根
叶	奇数羽状复叶，小叶对生，7~9 枚，卵形至卵状披针形，先端渐尖，叶缘疏生 7~8 齿，叶两面光滑无毛
花	顶生疏散的短圆锥花序，花萼钟状，分裂至中部，裂片披针形，绿色，有 5 条纵棱。花冠内面鲜红色，外面橙黄色，裂片半圆形。花期 7~8 月
果	蒴果顶端钝。果期 9~11 月

a) 老枝和叶　　　　　b) 枝和不定根

c) 花　　　　　d) 果

图 3-154 凌霄形态特征

【生态习性】喜光，稍耐阴；喜温暖湿润气候，耐寒性稍差；喜排水良好、肥沃、湿润的土壤；耐旱，忌积水；萌芽力、萌蘖性强。

【繁殖方法】扦插、压条、分根繁殖。

【栽培管理】早春萌动前栽植，定植前要先设立支架，使枝条攀缘其上。栽植时施基肥，栽后浇足水。开花前，在植株根部挖穴施腐熟有机肥，并立即灌足水，开花时会生长旺盛，开花茂密。每年冬、春季萌芽前进行 1 次修剪，理顺枝蔓，使枝叶分布均匀，通风透光，有利于多开花。

【园林应用】凌霄生性强健，枝繁叶茂，入夏后朵朵红花缀于绿叶中次第开放，十分美丽，可植于假山等处，也是廊架绿化的好材料。（二维码 3-356、3-357）

学习情境四
园林草本植物识别

【学习目标】

- 知识目标：1. 描述园林草本植物的类型；
  2. 明确各种园林草本植物的识别要点；
  3. 总结各种园林草本植物的栽培管理措施。
- 能力目标：1. 能够识别各种园林草本植物；
  2. 能够运用各种园林草本植物的生态习性和栽培要点进行园林应用。
- 素质目标：1. 培养学生自主学习的能力；
  2. 培养学生沟通及语言表达的能力；
  3. 培养学生尊重自然、保护环境的意识。

【学习内容】

园林草本植物的茎是草质茎，柔软多汁，木质化程度不高。按其生活周期和地下形态特征的不同可分为一年生和二年生植物、宿根植物、球根植物3种类型。

一、一年生和二年生草本植物识别

1. 鸡冠花 *Celosia cristata* L.（图 4-1）

【别名】头状鸡冠。

【科属】苋科，青葙属。

【产地与分布】鸡冠花原产于非洲、美洲热带地区和印度，现世界各地广为栽培。

【识别要点】鸡冠花识别要点见表 4-1，鸡冠花形态特征如图 4-2 所示。

图 4-1 鸡冠花

表 4-1 鸡冠花识别要点

识别部位	识别要点
茎干	茎直立粗壮
叶	叶卵状披针形，先端渐尖，基部渐狭，全缘
花	花序顶生，扁平鸡冠形，花色有白色、浅黄色、金黄色、浅红色、紫红色、橙红色等
果和种子	胞果卵形，种子黑色有光泽

图 4-2 鸡冠花形态特征

【生态习性】喜高温，不耐寒。适宜生长温度为 18~28℃，温度低时生长慢，入冬后植株死亡。喜阳光充足的环境，生长期要有充足的光照，每天至少要保证有 4h 光照。喜空气干燥的条件，对土壤要求不严，但以肥沃的沙质壤土生长最好。

【常见品种】因花序形态不同，品种可分为'凤尾鸡冠''多头鸡冠''璎珞鸡冠'等。因花形不同，品种可分为羽状花形、矛状花形、球状花形等（二维码 4-001~4-006）。

【繁殖方法】播种繁殖。

【栽培管理】真叶 4~5 枚时移植，移植要小心，不可折断直根。栽培土以排水良好的培养土为宜。花坛中栽植时株距为 15cm。苗期、生育期均需施用营养肥料，有机肥、复合肥等皆宜。上盆时要稍栽深一些，叶片接近盆土面为好。移栽时不要散坨，栽后要浇透水，7 天后开始施肥，每隔半月施 1 次液肥。花序形成前，盆土要保持一定的干燥，以利于抽生花序。花蕾形成后，可 7~10 天施 1 次液肥，适当浇水。为使鸡冠花植株粗壮，花冠肥大、厚实，色彩艳丽，可在花序形成后换大盆养育，但要注意移植时不能散坨，因为它的根部较弱，不易成活。

穴盘播种繁殖

【园林应用】鸡冠花的花色艳丽，花朵经久不凋，矮中型鸡冠花用于花坛及盆栽观赏，高型鸡冠花及凤尾鸡冠适作花境及切花，水养持久，尤其是制作干花的理想材料。（二维码 4-007~4-011）

2. 翠菊 *Callistephus chinensis* (L.) Nees（图 4-3）

【别名】江西腊、八月菊。

图 4-3 翠菊

【科属】菊科，翠菊属。

【产地与分布】产于我国吉林、辽宁、河北、山西、山东、云南、四川等省。

【识别要点】翠菊识别要点见表4-2，翠菊形态特征如图4-4所示。

表4-2 翠菊识别要点

识别部位	识别要点
茎干	茎直立，全株疏生短毛
叶	叶互生，长椭圆形
花	头状花序单生枝顶，舌状花花色丰富，有红色、蓝色、紫色、白色、黄色等不同颜色
种子	种子直径大约为1mm，圆锥形，浅棕色，有柔毛

a) 茎干　　b) 叶　　c) 花　　d) 种子

图4-4 翠菊形态特征

【生态习性】种子发芽最适温度为21℃左右，秧苗最适生长温度白天20~23℃、夜间14~17℃。喜凉爽气候，但不耐寒，不耐霜冻，也忌高温。喜光、喜湿润、不耐涝，干燥季节注意水分供给。对土壤要求不严，但喜肥，在肥沃的沙质土壤中生长较佳。

【常见品种】栽培品种繁多，有重瓣、半重瓣，花形有彗星形、驼羽形、管瓣形、松针形、菊花形等。（二维码4-012~4-016）

【繁殖方法】播种繁殖。

【栽培管理】翠菊幼苗期间移植2~3次，可使茎干粗实，株形丰满，须根繁密，抗旱、抗涝、抗倒伏。春播幼苗长高至5~10cm，播后1个月左右时可移苗，播后两个月左右定植。育苗期间灌水2~3次，松土1次。定植后灌水2~3次，然后松土。一般定植后和开花前进行追肥灌水。要注重中耕保墒，以免浇水过多或雨水过多而使土壤过湿，植株徒长、倒伏或发生病害。当枝端现蕾后应少浇水，以抑制主枝伸长，促进侧枝生长，待侧枝长至2~3cm时，再略增加水分，使株形丰满。追肥以磷肥、钾肥为主。不要连作，也不宜在种过其他菊科植物的地块播种或栽苗，以保证其健壮生长。翠菊易遭受多种病菌为害，其中以枯萎病和黄化病发生较普遍，可通过用1000~3000倍升汞水浸泡半小时等方法进行种子消毒。翠菊留种必须隔离。

【园林应用】翠菊是国内外园艺界非常重视的观赏植物。翠菊的矮生品种适宜于花坛布置和盆栽，高秆品种常用于切花。翠菊也是组成花境的上好材料，可与不同品种、不同尺度的应季植物组合成形式丰富的景观。翠菊同时也是阳台及屋顶花园等微型空间绿化美化的优质植物。（二维码4-017）

3. 金盏菊 *Calenclula officinalis* L.（图4-5）

图4-5 金盏菊

【别名】金盏花。
【科属】菊科，金盏花属。
【产地与分布】原产欧洲，现在园林中广泛栽培。
【识别要点】金盏菊识别要点见表4-3，金盏菊形态特征如图4-6所示。

表4-3 金盏菊识别要点

识别部位	识别要点
茎干	全株被毛
叶	叶互生，长圆形
花	头状花序单生，花径5cm左右，有黄色、橙色、橙红色、白色等颜色，也有重瓣、卷瓣和绿色、深紫色花心等
果和种子	瘦果，种子寿命3~4年

a）茎干

b）叶

c）花

图4-6 金盏菊形态特征

【生态习性】金盏菊较耐寒，种子发芽最适温度为21~22℃，小苗能耐-9℃低温，大苗易遭冻害，忌酷热，炎热天气非常不适宜金盏菊生长。喜光。对土壤及环境要求不严，但以疏松、肥沃的土壤为宜，适宜pH为6.5~7.5。

【常见品种】常见品种有'邦·邦''吉坦纳节日'；"卡布劳纳"系列；'米柠檬卡布劳纳''红顶'"宝石"系列；'圣日吉它''柠檬皇后'和'橙王'等。（二维码4-018~4-024）

【繁殖方法】主要用播种繁殖，也可用扦插繁殖。

【栽培管理】幼苗3枚真叶时移苗1次，待苗5~6枚真叶时定植于直径为10~12cm的盆中。定植后7~10天，摘心促使分枝或用0.4% B_9 溶液喷洒叶面1~2次来控制植株高度。生长期每半月施肥1次，或用卉友通用肥（20∶20∶20）。肥料充足，金盏菊开花多而大；相反，肥料不足，花朵明显变小退化。花期不留种，将凋谢花朵疏除，有利于花枝萌发，多开花，延长观花期。留种要选择花大色艳、品种纯正的植株，应在晴天采种，防止脱落。

【园林应用】金盏菊是早春园林和城市中最常见的草本花卉之一，可用于花坛、盆花及切花等。（二维码4-025）

4. 四季秋海棠 *Begonia cucullata* **Willd.**（图4-7）

图4-7　四季秋海棠

【别名】四季海棠。

【科属】秋海棠科，秋海棠属。

【产地与分布】原产于巴西热带低纬度高海拔地区树林下的潮湿地。

【识别要点】四季秋海棠识别要点见表4-4，四季秋海棠形态特征如图4-8所示。

表4-4　四季秋海棠识别要点

识别部位	识别要点
茎干	茎直立，多分枝，肉质
叶	叶互生，有光泽，卵形，边缘有锯齿，绿色或带浅红色
花	花浅红色，腋生，数枚成簇
果和种子	蒴果有红翅3枚，种子细微，褐色

学习情境四 园林草本植物识别

a) 茎干　　　　　　　　　　　　　　c) 花

图 4-8　四季秋海棠形态特征

【生态习性】喜温暖气候，生长适温为 18~20℃。冬季温度不低于 5℃，否则生长缓慢，易受冻害。夏季温度超过 32℃，茎叶生长较差。

四季秋海棠对光照的适应性较强。它既能在半阴环境下生长，又能在全光照条件下生长，开花整齐、花色鲜艳。绿叶系在强光下生长，叶片边缘易发红，叶片紧缩；铜叶系则叶色加深，具有光泽。

四季秋海棠的枝叶柔嫩多汁，含水量较高，生长期对水分的要求较高，除浇水外，通过叶片喷水增加空气湿度是十分必要的。但盆内积水或空气过于干燥，同样对四季秋海棠的生长发育极为不利，特别在苗期阶段，易导致幼苗腐烂和病虫为害。

盆栽四季秋海棠宜用肥沃、疏松和排水良好的腐叶土或泥炭土，pH 为 5.5~6.5 的微酸性土壤。

【常见品种】常见品种有绿叶系的'大使''洛托''胜利''琳达'。另外，还有大花、绿叶的'翡翠'和大花、绿叶、耐热、耐雨的'前奏曲'。铜叶系的有"鸡尾酒"系列。（二维码 4-026、4-027）

【繁殖方法】扦插是四季秋海棠最常用的繁殖方式。也可播种繁殖，以春季、秋季为最佳时期。生产上很少采用分株繁殖。

【栽培管理】四季秋海棠根系发达，生长快，每年春季需换盆，加入肥沃、疏松的腐叶土。生长期保持盆土湿润，每半月施肥 1 次。花芽形成期，增施 1~2 次磷肥、钾肥。幼苗期或开花期如果从弱光地区转移到强光地区需要一个适应过程，否则叶片易卷缩，出现焦斑。相反，光照不足，花色会显得暗淡，缺乏光泽，茎叶易徒长、柔弱。

四季秋海棠常用直径为 10cm 的盆，苗高 10cm 时应打顶摘心，压低株形，促使萌发新枝。同时，摘心后 10~15 天，喷 0.05%~0.1% B_9 溶液 2~3 次，可控制植株高度在 10~15cm 之间。一般四季秋海棠作二年生栽培，2 年后需进行更新。

【园林应用】四季秋海棠是园林绿化中花坛、吊盆、栽植槽和室内布置的理想材料。（二维码 4-028）

5. 三色堇 *Viola tricolor* L.（图 4-9）

图 4-9　三色堇

【别名】蝴蝶花、鬼脸花。
【科属】堇菜科，堇菜属。
【产地与分布】原产于欧洲北部，我国南北方栽培普遍。
【识别要点】三色堇识别要点见表 4-5，三色堇形态特征如图 4-10 所示。

表 4-5　三色堇识别要点

识别部位	识别要点
茎干	分枝较多
叶	基部叶有长柄，叶片近心形
花	花单生于叶腋，花梗长，花瓣 5 枚，花色有紫色、红色、蓝色、粉色、黄色、白色和双色等
果和种子	蒴果椭圆形，3 瓣裂；种子卵圆形，成熟时褐色

a) 茎干　　　　　　　　　b) 叶　　　　　　　　　c) 花

图 4-10　三色堇形态特征

【生态习性】喜凉爽的气候，较耐寒，不耐炎热，夏季常生长不佳，开花小。冬季能耐 -5℃的低温，南方可在室外越冬，北方冬季应入室，并置于阳光充足的地方。

喜通风良好而阳光充足的环境，也耐半阴。苗期宜置于直射光充足处，花期盆植时如果能避开中午前后的强光直射，而在上午或下午 3 点以后多见阳光，则可延长花期。

喜湿润，不耐旱，忌涝，因此适时适量浇水很重要。见盆土稍干时立即浇水，保持盆土稍偏湿润而不渍水为好，并常向茎叶喷水，增加空气湿度以利其生长。

喜肥不耐贫瘠，除上盆时宜在培养土中加一些腐熟的有机肥或氮、磷、钾复合肥作基肥外，生长期要薄肥勤施，7~10 天施 1 次。除苗期可适当施用氮肥外，蕾期、花期都要使用腐熟的有机液肥或氮、磷、钾复合肥，此时如果单用氮肥，易徒长、茎软、叶多花少。如果缺肥不仅开花不好，而且品种会退化。

【常见品种】三色堇品种较丰富。(二维码 4-029~4-031)

【繁殖方法】主要用播种繁殖，也可用扦插繁殖。

【栽培管理】盆栽三色堇，一般在幼苗长出 3~4 枚叶时进行移栽上盆。移植时须带土球，否则不易成活。幼苗上盆后，先要放在背阴处缓苗 1 周，再移至向阳处。生长期正常浇水，勤施稀薄肥，并进行松土、摘心，一般早春即可开花。开花时不晒太阳，可延长花期。三色堇的果实为卵形，嫩时弯曲向地，老时向上直起，种子由青白色变成赤褐色，须及时采收。三色堇生长期间，有时会发生蚜虫为害，可喷洒 1∶2000 倍的乐果溶液或 1∶800 倍的敌敌畏溶液杀灭。

【园林应用】三色堇花色瑰丽，株形低矮，适应性较强，是早春的重要花卉。三色堇多用于花坛、花境及镶边植物或作春季球根花卉的"衬底"栽植，也可盆栽或用于切花等。(二维码 2-032、2-033)

6. 万寿菊 *Tagetes erecta* L.（图 4-11）

图 4-11　万寿菊

【别名】臭芙蓉。

【科属】菊科，万寿菊属。

【产地与分布】原产于墨西哥，我国各地均有栽培。

【识别要点】万寿菊识别要点见表 4-6，万寿菊形态特征如图 4-12 所示。

表 4-6　万寿菊识别要点

识别部位	识别要点
茎干	茎粗壮
叶	叶对生或互生，羽状全裂，裂片披针形，叶缘背面具油腺点，有强臭味
花	头状花序单生，花黄色或橘黄色，舌状花有长爪，边缘皱曲
果	瘦果黑色

a) 茎干和叶　　　　　　　　b) 花

图 4-12　万寿菊形态特征

【生态习性】喜温暖，也耐凉爽，生长期适宜温度为 20℃左右。喜阳光充足，也耐半阴。喜湿润但适应性强，较耐旱。对土壤要求不严，但在富含腐殖质、肥厚、排水良好的沙质壤土中生长较佳。

【常见品种】常见品种有'印加''皱瓣''发现''大奖章''江博'，树篱形的'丰盛''第一夫人'等。（二维码 4-034~4-036）

【繁殖方法】以播种繁殖为主，也可扦插繁殖。

【栽培管理】万寿菊栽培简单，移植易成活，生长迅速。对早播植株应于开花前设立支架，以防倒伏。由于植株较大，定植时株行距均最少应在 30cm 以上。为增加分枝，可在生长期间进行摘心。

【园林应用】万寿菊花大色艳，花期长，是最普遍应用的花卉之一。万寿菊主要用于花坛、花境的布置，也是盆栽和切花的良好材料。高型种可带状栽植作为篱垣。（二维码 4-037、4-038）

7. 羽衣甘蓝 *Brassica oleracea* var.*acephala* **DC.**（图 4-13）

图 4-13　羽衣甘蓝

【别名】叶牡丹、花包菜。

【科属】十字花科，芸薹属。

【产地与分布】我国大城市公园有栽培。

【识别要点】羽衣甘蓝识别要点见表4-7，羽衣甘蓝形态特征如图4-14所示。

表4-7 羽衣甘蓝识别要点

识别部位	识别要点
茎干	株高30~40cm，茎基部木质化
叶	叶宽大，矩圆倒卵形，重叠生于短茎上，被白霜，无分支，中间密集呈球形，周围分散。叶片形态及色质多变，形态上有皱叶、不皱叶、深裂叶等；从色质上看，叶缘有翠绿色、黄绿色等，中心部分有纯白色、蛋黄色、肉红色、紫红色等。叶柄有翼
花	总状花序，具20~40枚小花，异花授粉。十字形花冠，花小，浅紫色，无观赏价值。花期4月
果	角果扁圆柱状。果期5~6月

a) 茎干　　　　　　　　　　　b) 叶

图4-14 羽衣甘蓝形态特征

【生态习性】喜凉爽，耐寒力较强。当温度低于15℃时中心叶片开始变色，高温和高氮肥影响变色的速度和程度，生长温度为5~25℃，最适生长温度为17~20℃，冬季在室外基本停止生长。喜充足阳光。较耐干旱。喜肥，要求疏松而肥沃的土壤。

【常见品种】园艺品种有："红叶"系列，顶生叶紫红色、浅紫红色或雪青色，茎紫红色；"白叶"系列，顶生叶乳白色、浅黄色或黄色，茎绿色。（二维码4-039~4-042）

【繁殖方法】主要为播种繁殖。

【栽培管理】当苗2~3枚叶时分苗，10月上旬定植，定植前要施足基肥，基肥应选用优质腐熟有机肥，每亩（1亩≈666.7m²）用2500kg，并施有机复合肥30kg，定植株行距为（30~50cm）×（30~50cm），每亩密度为4500株。羽衣甘蓝可裸根移栽，栽植时拔去外层老叶，这样可以突出心叶的色彩，又可以减少水分的消耗，维持根系受损后上下水分代谢的平衡，使植株尽快恢复，但移栽于街道花池中时最好带土球或扣盆栽植，这样可减少缓苗时间。定植后7~8天浇1次缓苗水，到生长旺期的前期和中期重点追肥，结合浇水每亩用氮、磷、钾复合肥25kg左右，同时注意中耕除草，顺便摘掉下部老叶、黄叶，只保留5~6枚功能叶即可。温度保持在白天15~20℃、夜间5~10℃。

【园林应用】羽衣甘蓝观赏期长，叶色极为鲜艳，在公园、街头、花境常见用羽衣甘蓝镶边和组成各种美丽的图案，具有很高的观赏效果。羽衣甘蓝也可以作为冬季花坛花卉、盆栽或切花。（二维码4-043、4-044）

8. 雏菊 *Bellis perennis* L.（图 4-15）

图 4-15　雏菊

【别名】延命菊、春菊。
【科属】菊科，雏菊属。
【产地与分布】原产于欧洲，现我国各地庭园栽培。
【识别要点】雏菊识别要点见表 4-8，雏菊形态特征如图 4-16 所示。

表 4-8　雏菊识别要点

识别部位	识别要点
茎干	多年生矮小草本，高 15~20cm，自基部簇生
叶	长匙形或倒卵形，边缘具齿牙
花	早春开花，头状花序单生于花茎顶端，舌状花多轮，白色、粉红色、红色或紫色，管状花黄色
种子	种子细小，灰白色

a) 茎干和叶

b) 花

图 4-16　雏菊形态特征

【生态习性】生性强健，具有一定的耐寒力，可耐-3~4℃的低温。喜冷凉的气候条件，通常情况下可露地覆盖越冬。忌炎热。喜光稍耐半阴。喜水。喜肥沃、湿润且排水良好的土壤。

【常见品种】"绣球"系列：'红绣球'，深红色；'桃绣球'，桃红色；'白绣球'，纯白色；'绣球'，混合色。（二维码4-045、4-046）

【繁殖方法】可采用分株、扦插、嫁接、播种等多种方法繁殖。

【栽培管理】雏菊对栽培管理要求不严。雏菊耐移植，移植可以促使萌发新根。播种苗有2~3枚真叶时开始移植，4~5枚真叶时定植。雏菊喜水、喜肥，生长期间要保证水分的供应充足；追肥要薄肥勤施，一般每两周追1次肥。夏季开花后，可以将老株分开栽植，加强管理，保证水肥的供应，当年秋季仍可以开花。雏菊的种子比较小，且成熟期又不一致，因此采种要及时。

【园林应用】园林中宜栽于花坛、花境的边缘，或沿小径栽植，与春季开花的球根花卉搭配使用也很协调。此外，雏菊也可盆栽装饰台案、窗台、居室。（二维码4-047、4-048）

9. 百日菊 *Zinnia elegans* Jacq.（图4-17）

图4-17 百日菊

【别名】百日草、步步高、火球花、五色梅、对叶菊、秋罗、步步登高。

【科属】菊科，百日菊属。

【产地与分布】原产于墨西哥，在我国各地广泛栽培。

【识别要点】百日菊识别要点见表4-9，百日菊形态特征如图4-18所示。

表4-9 百日菊识别要点

识别部位	识别要点
茎干	植株高30~100cm，有刚毛。直立性强，茎被短毛
叶	叶对生，有短刺毛，卵圆形至椭圆形，叶基抱茎，全缘，长4~10cm，宽2.5~5cm
花	头状花序顶生，花径5~15cm，具长花梗。舌状花倒卵形，顶端稍向后翻卷，有黄色、红色、白色、紫色等色；管状花顶端5裂，黄色或橙黄色，花柱2裂或有斑纹，或瓣基有色斑。花期6~10月
果和种子	舌状花所结瘦果广卵形至瓶形，顶端尖，中部微凹；管状花所结果椭圆形，较扁平，形较小，种子千粒重5.9g，寿命3年

a) 茎干　　　　　　　　　　　b) 叶　　　　　　　　　　　c) 花

图 4-18　百日菊形态特征

【生态习性】喜温暖，不耐寒；生长适温为 20~25℃，忌酷暑，当气温高于 35℃时，长势明显减弱，且开花稀少，花朵也较小；喜光，为短日照植物，在长日照条件下舌状花增加；耐干旱，忌湿热；耐贫瘠，忌连作，地栽在肥沃和土层深厚的地段生长良好，盆栽以含腐殖质、疏松肥沃、排水良好的沙质培养土为佳。

【常见品种】栽培品种可分为大轮型、中轮型和小轮型 3 类。品种类型很多，常见的园艺栽培种主要有：大花重瓣型，花径达 12cm 以上；纽扣型，花径仅 2~3cm，全花呈圆球形；低矮型，株高仅 15~40cm。（二维码 4-049~4-057）

【繁殖方法】以播种繁殖为主，也可分株扦插和繁殖。

【栽培管理】春播于 3~4 月进行，4~5 枚叶时移植，株距为 10cm。6 月初定植，株行距为 30cm×30cm。生长期间每 10 天施 1 次 10 倍人粪尿液。7 月至霜降开花。百日菊秧苗在生长后期非常容易徒长，为防止徒长，一是适当降低温度，加大通风量；二是加大株行距，保证有足够的营养面积；三是摘心，促进腋芽生长。一般在株高 10cm 左右时进行，留下 2~4 对真叶摘心。要想使植株低矮而开花，常在摘心后腋芽长至 3cm 左右时喷矮化剂。不徒长的苗露地栽培，如果为了限制高度也要摘心。定植前 5~7 天放大风炼苗以适应露地环境条件。百日菊可采取调控日照长度的方法调控花期。因它是短日照植物，日照长于 14h，开花会推迟，播种到开花需 70 天，且舌状花较多；日照短于 12h，则开花提前，播种到开花只需 60 天，但以管状花较多。另外，也可通过调整播种期和摘心时间来控制开花期。

【园林应用】百日菊为花坛、花境的常见草花，又用于丛植和切花，切花水养持久。（二维码 4-058、4-059）

10. 千日红 *Gomphrena globosa* L.（图 4-19）

【别名】火球花、红火球、千年红。

【科属】苋科，千日红属。

【产地与分布】原产于美洲热带地区，是热带和亚热带地区常见花卉，我国南北各省均有栽培。

【识别要点】千日红识别要点见表 4-10，千日红形态特征如图 4-20 所示。

图 4-19　千日红

表 4-10　千日红识别要点

识别部位	识别要点
茎干	茎直立有多数小枝，被粗毛
叶	叶被粗毛，叶片对生，具短柄，长椭圆形或倒卵形，先端微凸，基部渐狭，两面均有白色毛茸
花	头状花序生于枝端，花冠筒状不显著，苞片膜质有光泽
果和种子	胞果近球形，种子为萼片包裹，萼片线状披针形，背面密布绒毛

a) 茎干　　　　　　　　　　b) 叶　　　　　　　　　　c) 花

图 4-20　千日红形态特征

【生态习性】喜温热，品种间生育适温有差异，15~30℃或20~28℃。耐高温，不耐寒霜。喜阳光充足的环境。喜干燥，较耐旱，不耐水湿，忌涝渍。适宜肥沃、疏松、排水良好的微酸性至中性沙壤土，但对土壤选择不严。

【常见品种】'千日白''千日粉'，还有近浅黄色、近红色的变种。（二维码 4-060、4-061）

【繁殖方法】以播种繁殖为主，也可用扦插法进行繁殖。

【栽培管理】千日红分枝着生于叶腋，为了促使植株低矮分枝及花朵增多，应对幼株进行数次"掐顶"整枝，生长期间要适时灌水及中耕，以保持土壤湿润。雨季及时排涝。在花朵盛开时，应追施磷、钾肥1次，对开花结果效果更好。

【园林应用】千日红花期长，花色鲜艳，为优良的园林观赏花卉。千日红是花坛、花境的常用材料，还可作花环、花篮的装饰品。（二维码 4-062）

11. 麦秆菊 *Xerochrysum bracteatum*（Vent.）**Tzvelev**（图 4-21）

图 4-21　麦秆菊

【别名】蜡菊、贝细工。

【科属】菊科，蜡菊属。

【产地与分布】原产于澳大利亚，现各地广泛栽培。

【识别要点】麦秆菊识别要点见表 4-11，麦秆菊形态特征如图 4-22 所示。

表 4-11 麦秆菊识别要点

识别部位	识别要点
茎干	较粗壮，全株具微毛。茎直立，似麦秆
叶	叶互生长椭圆状披针形，全缘，近无毛
花	头状花序单生枝顶，花瓣干燥，像蜡纸做的假花。花有红色、白色、橙黄色等。花期长，从夏初到秋季连续开花。花于晴天开放，雨天及夜间闭合
果	果期 9~10 月

b) 叶

c) 花

a) 茎干

图 4-22 麦秆菊形态特征

【生态习性】麦秆菊喜温暖，不耐寒也不耐炎热。最佳的生长及开花温度为 15~35℃，在 7~38℃均可正常生长，低于 7℃或高于 38℃生长滞缓。北方地区秋后温度长期低于 3℃即枯萎。喜阳光充足的环境。长期水涝对它生长不利。喜肥沃、湿润而排水良好土壤。肥料不宜过多，否则花虽繁多但花色不艳。

【常见品种】栽培品种有'帝王贝细工'，分高型、中型、矮型品种；有大花型、小花型之分。同属植物有 500 余种。（二维码 4-063~4-066）

【繁殖方法】种子繁殖。

【栽培管理】喜干燥的沙质土壤，阳光要充足，过湿地不宜浅种。苗高4~6cm时进行移栽，株行距为20cm×30cm。肥料用稀薄的人粪尿或豆饼水，每20~30天施1次。麦秆菊株高75~120 cm时，要在株间插杆，设立支架，以防倒伏。麦秆菊根系浅，抗旱能力差，注意浇水防旱。在施足底肥的基础上，为了提高结实率，促进种子早熟，可在现蕾期间，增施1次磷肥。及时打药，注意防治蚜虫、卷叶虫和地下害虫。

【园林应用】麦秆菊的苞片色彩艳丽，因含硅酸而呈膜质，干后有光泽。干燥后花色、花形经久不变，是做干花的重要植物，可供冬季室内装饰用，又可布置花坛、花境，还可在林缘丛植。（二维码4-067、4-068）

12. 细叶美女樱 *Glanclularia tenera*（Spreng.）**Cabrera**（图4-23）

【别名】美人樱、铺地锦、草五色梅。

【科属】马鞭草科，马鞭草属。

【产地与分布】原产于巴西、秘鲁、乌拉圭等地，现世界各地广泛栽培，我国各地也均有引种栽培。

【识别要点】细叶美女樱识别要点见表4-12，细叶美女樱形态特征如图4-24所示。

图4-23 细叶美女樱

表4-12 细叶美女樱识别要点

识别部位	识别要点
茎干	茎基部稍木质化，匍匐生长，节部生根。株高20~30cm，枝条细长四棱，微生毛
叶	叶对生，2回羽状深裂，裂片线形，两面疏生短硬毛，先端尖，全缘，叶有短柄。
花	穗状花序，顶生于枝端，花小而密集，开花部分成伞房状。花有白色、红色、紫红色等。花冠细筒形
果	蒴果，黑色，8月底成熟

a) 茎干

b) 叶

c) 花

图4-24 细叶美女樱形态特征

【生态习性】细叶美女樱较耐寒，在我国北方部分地区可露地越冬，适应性较强，耐盐碱，喜温暖、湿润和阳光充足的环境，能耐半阴。细叶美女樱对土壤要求不严。

【繁殖方法】主要用播种和扦插两种方法繁殖。

【栽培管理】细叶美女樱抗性和适应性强，生长健壮，少有病虫害，管理简便粗放。定植株行距一般为（40~60cm）×（40~60cm）。生长季节应加强肥水管理，每半月需施薄肥1次，但也要防止因水量过大造成植株徒长，影响开花。7~8月雨水多，要及时排水，防止涝灾。经常注意摘心，使株形美观，花谢后应及时修剪残花。生长季节注意松土除草，防止土壤板结。

【园林应用】细叶美女樱为良好的地被材料，可用于城市道路绿化带、坡地、花坛等。（二维码4-069）

13. 孔雀草 *Tagetes patula* L.（图4-25）

图4-25 孔雀草

【别名】小万寿菊、红黄草、西番菊、臭菊花等。

【科属】菊科，万寿菊属。

【产地与分布】原产于墨西哥，我国各地庭园常有栽培。

【识别要点】孔雀草识别要点见表4-13，孔雀草形态特征如图4-26所示。

表4-13 孔雀草识别要点

识别部位	识别要点
茎干	高30~100cm，茎直立，通常近基部分枝，分枝斜开展
叶	叶羽状分裂，长2~9cm，宽1.5~3cm，裂片线状披针形，边缘有锯齿，齿端常有长细芒，齿的基部通常有1个腺体
花	头状花序单生，总苞长椭圆形，上端具锐齿，有腺点。舌状花金黄色或橙色，带有红色斑，舌片近圆形，顶端微凹；管状花花冠黄色，具5齿裂，花期7~9月
果	瘦果线形，基部缩小，黑色，被短柔毛，冠毛鳞片状，其中1~2个长芒状，2~3个短而钝

a) 茎干　　　　　　　　　b) 叶　　　　　　　　　c) 花

图4-26 孔雀草形态特征

【生态习性】孔雀草为阳性植物，喜阳光，但在半阴处栽植也能开花。5℃以上就不会发生冻害，10~30℃间均可良好生长。它对土壤要求不严。既耐移栽，又生长迅速，栽培管理很容易。撒落在地上的种子在合适的温、湿度条件中可自生自长，是一种适应性十分强的花卉。

【常见品种】现今用于大规模商品生产的孔雀草品种有重瓣的"杰妮"系列、"小英雄"系列、"英雄"系列、"畔亭"系列、"鸿运"系列、"金门"系列和单瓣的"迪斯科"系列等。孔雀草品种颜色丰富，最常见的有金色、橙色和黄色，还有红黄复色和各种过渡色。（二维码 4-070~4-072）

【繁殖方法】播种繁殖。

【栽培管理】孔雀草上盆后温度可由22℃降至18℃，经过几周后可以降至15℃，开花前后可降低至12~14℃，这样的温度对形成良好的株形是最理想的。采用排水良好的介质，盆栽可用腐叶土（或堆肥土）2份、泥炭土1份、混合园土3份、细沙1份混合，地栽以肥沃、排水良好的沙壤土为好。适量复合肥作基肥，掌握"干透浇透"的浇水原则。后期肥力不足时，再追施水溶性肥。

【园林应用】孔雀草已逐步成为花坛、庭园的主体花卉。橙色、黄色花极为醒目。（二维码 4-073）

14. 秋英 *Cosmos bipinnatus* **Cav.**（图 4-27）

图 4-27　秋英

【别名】波斯菊、大波斯菊、秋缨。

【科属】菊科，秋英属。

【产地与分布】原分布于墨西哥，现在我国栽培甚广。

【识别要点】秋英识别要点见表 4-14，秋英形态特征如图 4-28 所示。

表 4-14　秋英识别要点

识别部位	识别要点
茎干	近茎基部有不定根。茎无毛或稍被柔毛，高 1~2m
叶	叶羽状深裂，裂片线形或丝状线形
花	头状花序单生，花序梗长 6~18cm。总苞片外层披针形或线状披针形，近革质，浅绿色，具有深紫色条纹，上端长狭尖。舌状花紫红色、粉红色或白色，舌片椭圆状倒卵形；管状花黄色，管部短，上部圆柱形，有披针状裂片，花期 6~8 月
果	瘦果黑紫色，无毛，上端具有长喙。果期 9~10 月

a) 茎干和叶　　　　　　　　　　b) 花

图 4-28　秋英形态特征

【生态习性】秋英喜阳光充足、耐寒、不耐半阴和高温，最佳发芽温度为 18~25℃，生长最适温度为 10~25℃。秋英为短日照花卉，在秋后短日照下大量开花。植株强健，能耐贫瘠土壤，但以疏松和富含腐殖质的土壤最宜生长，如果圃地肥沃或追肥过多极易造成徒长而开花不良。

【常见品种】秋英的园艺品种分为早花型和晚花型两大系统，有单瓣、重瓣之分。（二维码 4-074~4-077）

【繁殖方法】播种、扦插繁殖。

【栽培管理】幼苗具 4 枚真叶时上盆。种植时施足基肥，生长期不必多施肥。苗期或生长期都要摘心。夏季生长旺盛，但易倒伏，可设支架或修剪促其矮化，秋季经常开花。春播苗往往叶茂花少，夏播苗植株矮小、整齐，正常开花。

【园林应用】秋英耐贫瘠，株形高大，花色较多，可用于公园、花园、草地边缘、道路旁、小区旁的绿化栽植，也可用于布置花境。（二维码 4-078）

15. 一串红 *Salvia splendens* Ker Gawl.（图 4-29）

【别名】墙下红、西洋红、爆竹红。

【科属】唇形科，鼠尾草属。

【产地与分布】原产于巴西，我国各地广泛栽培。

【识别要点】一串红识别要点见表 4-15，一串红形态特征如图 4-30 所示。

图 4-29　一串红

表 4-15 一串红识别要点

识别部位	识别要点
茎干	株高可达 90cm。茎基部多木质化，茎四棱形，光滑，茎节常为红色
叶	叶对生，有长柄，叶片卵形，先端渐尖，边缘有锯齿
花	顶生总状花序，被红色柔毛，花 2~6 枚轮生；苞片卵形，深红色，早落；花萼钟形，2 唇，宿存，与花冠同色；花冠唇形有长筒伸出萼外。花冠色彩艳丽，有鲜红色、白色、粉色、紫色等及矮性变种
果和种子	小坚果卵形，花期 7~10 月，果期 8~10 月。每克种子约 250 粒，不同品种间差异很大

a) 茎干　　　　　　　　b) 叶　　　　　　　　c) 花

图 4-30 一串红形态特征

【生态习性】不耐寒，喜阳光充足但也能耐半阴，忌霜害。最适生长温度为 20~25℃，在 15℃以下叶黄至脱黄，30℃以上则花、叶变小，温室培养一般保持在 20℃左右。喜疏松肥沃土壤。盆土用沙土、腐叶土与粪土混合，土肥比例以 7∶3 为宜。用马掌、羊蹄甲等作基肥，生长期施用硫铵 1500 倍液，以改变叶色，效果较好。

【常见品种】目前，一串红栽培品种很多，其中常见的栽培品种有："皇帝"系列、"皇后"系列、"莎莎"系列、"骑兵手"系列、"热线"系列、"景色"系列、"小探戈"系列，以及"太阳神"系列等。

此外，常见栽培的还有同属的一串紫、一串蓝等。（二维码 4-079~4-083）

【繁殖方法】以种子繁殖为主，也可采用扦插繁殖。

【栽培管理】多年生草本，作一年生栽培。

分苗与定植：当播种苗长出 2~3 对真叶或扦插苗成活后，即可分苗，营养钵直径 7~10cm，移植前先将小苗浇透水，以防移植时伤根。待植株长出 4~5 对真叶时，可定植于花盆中。盆土可用腐叶土 4 份、园土 4 份、河沙 2 份的比例混合。分苗或定植时，应注意勿伤小苗的根茎处，以防茎腐病的发生。移植后，要浇缓苗水，并适当遮阴，待缓苗后再移入光下逐渐接受直射光。缓苗后，再浇 1 次透水，此后应尽量少浇水，以控制株形，培育壮苗。

培养土配制

温光管理：生长期间，温度保持在白天 20~25℃、夜间 13~16℃。一串红喜温暖向阳的环境，在维持适宜温度的同时，尽可能提供强光照。但在炎热的夏季，应加遮阳网进行遮阴，以防灼伤叶片。另外，强烈的阳光会使花穗的颜色变浅褪色，花穗掉花，降低观赏效果。

肥水管理：一串红适宜排水良好、肥沃湿润的微酸性土壤。定植缓苗后，适时浇水。每月追肥 2~3 次，尤其在每次疏除残花后，要浇足水，1 周后施 1 次薄肥水，开花前增施磷、钾肥，可使开花繁茂。

摘心修剪：小苗长出 3~4 对真叶时，留 2 对叶摘心，可促进侧枝萌发，增加花枝。一般每次摘心后可延迟 25~30 天开花，因此可通过摘心修剪调节花期，一般在预定花期前 1 个月进行最后一次摘心，使其应时开放。一般花序保持 4 个效果较好。

去除残花：一串红在生长期间能多次开花，一般在气温 20~25℃和短日照条件下，新梢约经 25 天生长又可开花。但开花后花萼日久褪色而不落，因此及时疏除残花，可保持花色鲜艳而开花不绝。

留种与采收：一串红的留种雌株，应选择 10 月份以前开花的实生苗。因为 10 月份以后开的花，由于受气温下降的影响，种子会发育不良或成熟不完全。而扦插苗老化，长势较弱，其种子发育也不佳，不适于留种。种子成熟后易脱落，要及时采收。当花穗中有半数以上的花萼开始发白时，将全穗剪下，摊晒脱粒，清除花梗、花等杂质后，将种子贮藏。

【园林应用】一串红常用作花丛、花坛的主体材料，以及带状花坛或自然式纯植于林缘。一串红也常与浅黄色美人蕉、矮万寿菊、浅蓝色或小粉色的紫菀、翠菊、矮藿香蓟等配合布置，在北方也常盆栽观赏。（二维码 4-084~4-086）

16. 矮牵牛 *Petunia hybrida* Vilm.（图 4-31）

图 4-31　矮牵牛

【别名】碧冬茄、灵芝牡丹、撞羽牵牛和杂种撞羽朝颜等。

【科属】茄科，矮牵牛属。

【产地与分布】矮牵牛原产于南美洲的阿根廷，现世界各地广泛栽培。

【识别要点】矮牵牛识别要点见表 4-16，矮牵牛形态特征如图 4-32 所示。

表 4-16　矮牵牛识别要点

识别部位	识别要点
茎干	株高 30~60cm。全株密被黏质软毛。茎直立或匍匐生长，被有黏质柔毛，并带有茄科植物的特有气味
叶	上部叶对生，下部叶互生。叶柄短，叶质柔软，卵形，先端渐尖，全缘
花	花着生于梢顶或叶腋，花冠漏斗状，花筒长 5~7 cm，花径 5~10 cm，花萼 5 裂，裂片披针形，雄蕊 5 枚。花瓣变化较多，有重瓣、半重瓣与单瓣，边缘有褶皱、锯齿或呈波状浅裂。微香。花期 4 月至降霜。如果冬季在温室栽培，则四季有花。花色有白色、粉色、红色、紫色、堇紫色、蓝色、粉红色、玫瑰红色、雪青色甚至近黑色，以及各种彩斑镶边等。有一花一色的，也有一花双色或三色的
果和种子	蒴果卵形，先端尖，成熟后 2 瓣裂。果期 5 月至下露。种子细小，千粒重 0.16g 左右，寿命 3~5 年

a) 茎干和叶　　　　　　　　　b) 花

图 4-32　矮牵牛形态特征

【生态习性】矮牵牛喜温暖、向阳和通风良好的环境。不耐寒，耐暑热，在炎热的夏季仍能正常开花，在连日阴雨和气温较低的环境下开花不良，多不结实。耐干旱，不耐积水。要求排水良好、疏松的酸性沙质土壤，土壤应保持温润，但不要过肥，否则枝条容易徒长而倒伏。最适生长温度白天 25~28℃、夜间 15~17℃。从播种至开花的生长期为 100~120 天。

【常见品种】矮牵牛品种丰富，主要有"波浪"系列、"超级瀑布"系列、"海市蜃楼"系列、"梦幻"系列等。（二维码 4-087~4-092）

【繁殖方法】以播种繁殖为主，也可扦插繁殖。

【栽培管理】一年生或多年生半蔓性草本花卉，常作一年生栽培。当有 1 枚真叶时就应移植，有条件的最好只移植 1 次。矮牵牛的根系在移栽时如果受伤过多，会恢复很慢，因此在移苗时必须带有完好的土球，最好用营养钵来培养花苗，脱盆定植比起苗定植的成活率高。

秧苗喜温暖，不耐寒，最适生长温度白天 25~28℃、夜间 15~17℃；喜阳光充足；需疏松、肥沃适度的床土，床土过肥秧苗易徒长。

小苗在定植前，应该分栽 1~2 次，这样能够促发新根。分栽成活的小苗当长到 7~8 cm 时，可留基部 4~5 cm 摘心，以促进分枝。苗期应注意中耕除草，定植前 5~7 天炼苗。

当苗高 15cm 左右时，即可按（30~40cm）×（30~40cm）株行距定植，以利于通风透光。移植时要带土球，并勿使土球松散，否则缓苗困难，不利于成活。定植时间不宜迟于矮牵牛开花日期前的 70~80 天。应选择叶色好、长势强的健康种苗进行栽种，最好使用大小基本一致的小苗，既便于管理，又可使花期集中。

矮牵牛喜微潮偏干的土壤环境，因此在管理中要避免浇水过多，否则盆土经常处于潮湿的状态，不利于根系呼吸作用的顺利进行，这样就会对植株的生长速度造成影响。

在摘心过程中应该注意调整株形，如对较长的枝条可重摘，而对较短的枝条要轻摘。株形偏斜的植株也可以通过剪枝来调整。对于矮牵牛的花期控制来说，修剪所起的作用是主导性的。当植株成形后，对枝条进行摘心可有效地使其花期后延。盛花期过后将枝条剪短，仅保留各分枝基部 2~3cm，促进重新分枝，不久又可花满枝头。在矮牵牛的花朵开放后，应该保证浇水充足，如果盆土过干，就容易导致花朵过早萎蔫。可以适当追施肥料，但要根据植株的长势确定，如果植株长势稍差，则可每周追施 1 次液肥；植株花蕾繁多，开花不断，则可暂时停止追肥。要避免强烈的日光照射，但摆放环境也不可过于荫蔽。环境温度变化不宜过大。应该随时将残花疏除，以保证植株能够更好开花。

蒴果成熟后会自动裂开将种子散出，所以应在清晨把微微开裂的尖端变黄的蒴果全部采完。

【园林应用】矮牵牛花大，色彩丰富，花期长，是布置花坛、花境和装点庭院的好材料，大花瓣种可做切花。大花斑纹及重瓣品种,可作为盆栽摆设于厅堂、居室,也可用作窗台垂直装饰和地被种植。(二维码 4-093~4-096)

17. 彩叶草 *Coleus scutellarioides* (L.) Benth.(图 4-33)

图 4-33 彩叶草

【别名】洋紫苏、锦紫苏。
【科属】唇形科,鞘蕊花属。
【产地与分布】原产于印度尼西亚地区,我国各地普遍栽培。
【识别要点】彩叶草识别要点见表 4-17,彩叶草形态特征如图 4-34 所示。

表 4-17 彩叶草识别要点

识别部位	识别要点
茎干	株高 50~80cm,全株有毛,茎四棱,基部木质化
叶	叶卵圆形,先端长渐尖或锐尖,边缘具钝锯齿,常有深缺刻,长约 10 cm,表面绿色,具红色、黄色、紫色等斑纹,一般作为观叶植物
花	顶生总状花序,花小,浅蓝色或带白色,花期 8~9 月
种子	每克种子约 3500 粒,寿命 5 年以上

a) 茎干　　　　　　　　　b) 叶　　　　　　　　　c) 花

图 4-34 彩叶草形态特征

【生态习性】喜温暖湿润、阳光充足、通风良好的栽培环境。要求富含腐殖质、疏松肥沃而排水良好的沙质壤土。生长适宜温度为 20~25℃，最低为 10℃，否则叶色变黄，叶片萎蔫脱落。温度下降到 5℃以下时，植株死亡。

【常见品种】彩叶草的品种繁多，株形、叶形及叶色和叶片大小变化都很大，株高有高、中、低之分；叶色有全红色，或红中缀绿纹、黄纹，或黄中缀绿边、浅绿边，或绿中缀黄斑，或桃红中缀绿边等，盛夏高温季节开花。（二维码 4-097~4-104）

【繁殖方法】以播种繁殖为主，也可扦插繁殖。

【栽培管理】多年生草本，常作一、二年生栽培。当彩叶草苗高 10cm 时用普通培养土定植于盆内。定植后浇水量不可过大，否则植物徒长，株形不佳。水分过多还会导致叶片不鲜艳。培养土中可掺入有机肥和骨粉作基肥。生长期间每 1~2 周施 1 次肥，不可太浓。彩叶草喜酸性土壤，若土质偏碱则叶色变黄、不艳，可经常浇灌硫酸亚铁 1000 倍液。

栽培期间应将植株置于阳光充足处培养，可使叶色艳丽。但在炎热夏季正午要避开强光的直射，应适当遮阴，否则会使叶色暗淡失去光泽。

幼苗摘心，促其分枝。追肥以磷肥为主。

彩叶草花谢后结出小坚果，成熟以后容易脱落，所以应在坚果下面的萼片变黄时将果穗剪下来，晾干后脱粒。

【园林应用】彩叶草色彩鲜艳、品种多样、繁殖容易，为应用较广的观叶花卉，除可作小型观叶花卉陈设外，还可配植图案花坛，也可作为花篮、花束的配叶使用。室内摆设多为中小型盆栽，可选择颜色浅、质地光滑的套盆以衬托彩叶草华美的叶色。为使株形美丽，常将未开的花序疏除，置于矮几和窗台上欣赏。庭院栽培可作花坛，或植物镶边；还可将数盆彩叶草组成图案布置会场、剧院前厅，花团锦簇。（二维码 4-105~4-107）

二、宿根植物识别

1. 芍药 *Paeonia lactiflora* **Pall.**（图 4-35）

图 4-35　芍药

【别名】没骨花、婪尾春、将离、殿春花。

【科属】芍药科，芍药属。

【产地与分布】原产于我国北部、日本及西伯利亚一带。目前我国除了华南地区天气炎热不适宜芍药生长外，遍及其他各地园林中。

【识别要点】芍药识别要点见表 4-18，芍药形态特征如图 4-36 所示。

表 4-18 芍药识别要点

识别部位	识别要点
茎干	具肉质根，茎丛生，高 50~100cm
叶	叶互生，二回三出羽状复叶，无托叶。小叶通常 3 裂，长圆形或披针形，叶脉带红色
花	花大且美，有芳香味，单生枝顶，花梗长；花瓣白色、粉色、红色、紫色，花期 4~5 月，两性花。萼片 5 枚，宿存。花瓣 5~10 枚
果和种子	蓇葖果，成熟时开裂，内有黑色种子 5~7 粒，果期 9 月，种子寿命 2~3 年

a) 茎干和根

b) 叶　　　　　　　　　　　　c) 花

图 4-36 芍药形态特征

芍药与牡丹形态特征区别

【生态习性】芍药花耐寒力强，在我国北方的大部分地区可以露地自然越冬。但耐热力较差，炎热的夏季停止生长。喜阳光，但在半阴下也能生长开花。喜湿润，但不耐水涝。宜在土层深厚、肥沃而又排水良好的沙质壤土生长，低洼盐碱地不宜栽培。

【常见品种】芍药品种极多。（二维码 4-108~4-115）

【繁殖方法】可以用分株、播种、扦插等方法进行繁殖，但常以分株繁殖为主。播种繁殖仅用于培育新品种、生产嫁接牡丹的砧木和药材。

【栽培管理】芍药栽培管理较简单，由于它是肉质根，栽植地点宜选在背风向阳、土层深厚、地势高燥的地方。栽前深翻 30cm 以上，施入充分腐熟的有机肥、骨粉及少量杀虫剂，再深翻 1 次，其上覆一薄层土，避免根与肥料直接接触而造成烂根。然后把芍药放入穴内，使根系舒展伸直。栽植深度以芽以上覆土 3~4cm 厚为宜。覆土后将土轻轻压实，浇透水，第二日傍晚进行浅中耕，使土壤通气良好。冬季严寒地区，入冬后在栽植穴上培 20cm 厚的土，以利于安全越冬。第二年春季土壤解冻后及时将培土扒掉。春季新芽萌发时进行施肥浇水，中耕保墒。现蕾后及时疏除侧蕾，集中养分供主蕾生长发育，并保证主蕾花冠丰满。花谢后应及时剪去花梗，不使其结果，以免消耗养分。花后谢随即追施 1 次液肥，促进花芽分化，施肥后根据土壤干湿情况确定是否浇第 3 次水。春季至秋季要经常中耕除草，防治病虫害。秋季叶片枯黄时要及时疏除，并再施 1 次厩肥或堆肥，然后即可培土越冬。

芍药分株繁殖

整形修剪

【园林应用】芍药花大艳丽，品种丰富，在园林中常成片种植，花开时十分壮观，是近代花境上的主要花卉。芍药可沿着小径、路旁作带形栽植，或在林地边缘栽培，并配以矮生、匍匐性花卉。有时单株或 2~3 株栽植以欣赏其特殊品型花色。更有完全以芍药构成的专类花园，称为芍药园。（二维码 4-116、4-117）。

2. 萱草 *Hemerocallis fulva* (L.) L.（图 4-37）

图 4-37　萱草

【别名】金针菜、黄花菜、忘忧草等。

【科属】阿福花科，萱草属。

【产地与分布】原产我国南部，分布范围较广。

【识别要点】萱草识别要点见表 4-19，萱草形态特征如图 4-38 所示。

表 4-19　萱草识别要点

识别部位	识别要点
茎干	具短根状茎，根肥大肉质，呈纺锤状，株高可达 1m
叶	叶绿色，基部抱茎，长条形，排成二列，长 30~60cm，宽 2.5cm，背面有棱脊
花	花冠肥厚，橘红色，漏斗形，长 7~12cm，花径 3~10cm，盛开时裂片反卷，花期 6~10 月，单花期 1 天
果和种子	蒴果长圆形，一般情况下很少结出成熟的种子。种子寿命 2 年

a) 茎干和根　　　　　　　　b) 叶　　　　　　　　c) 花

图 4-38　萱草形态特征

【生态习性】耐寒，能耐 -20℃的低温。喜光，耐半阴，耐干旱。对土壤适应性强，在中性、偏碱性土壤中均能生长良好，但以深厚、富含腐殖质、排水良好、肥沃的沙质壤土为好。

【品种及同属其他种】主要有'金娃娃萱草'、'红宝石萱草'、'大花萱草'等。（二维码4-118~4-120）

【繁殖方法】分株繁殖是萱草最常用的繁殖方法，播种繁殖是快速生产大量种苗的方法。

【栽培管理】萱草栽培大多在3月初、萌芽前进行。栽培要求种植在排水良好、土层深厚、肥沃疏松、夏季不积水、富含有机质的土壤中。萱草肥水管理比较简单，由于花期长，除种植时施足基肥外，开花前及花期需追肥2~3次，以补充磷、钾肥为主，也可喷施0.2%的磷酸二氢钾，促使花朵肥大，并可达到延长花期的效果。同时结合浇水，促进多分枝，早现蕾。如果此时缺少肥水，将导致落蕾率高，影响开花量。

萱草的主要病害是锈病、叶斑病和叶枯病；虫害是蚜虫、蜗牛、金龟子和红蜘蛛。防治锈病可用25%的粉锈宁可湿性粉剂200倍液或65%的代森锌可湿性粉剂500倍液喷雾防治。叶枯病也可用65%的代森锌或50%的多菌灵可湿性粉剂600倍液喷防。金龟子可喷洒20%的速灭杀丁乳油3000~4000倍液防治。

【园林应用】萱草具有品种较为丰富、色彩多样、花期长等特点，是优良的园林宿根花卉。萱草可用于布置花坛、马路隔离带、地被植物等；也适宜盆栽及切花，观叶与观花融于一体。（二维码 4-121~4-123）

3. 蜀葵 *Alcea rosea* L.（图 4-39）

图 4-39　蜀葵

【别名】一丈红、端午锦、蜀季花等。
【科属】锦葵科，蜀葵属。
【产地与分布】原产于我国四川，在我国分布很广，华东、华中、华北、华南地区均有栽培。世界各地广泛栽培。
【识别要点】蜀葵识别要点见表4-20，蜀葵形态特征如图4-40所示。

表4-20 蜀葵识别要点

识别部位	识别要点
茎干	茎直立，无分枝或少分枝，全株被星状毛，半木质化，株高可达2m
叶	掌状互生，近圆心形，5~7深裂，叶面粗糙，有明显皱缩，叶柄较长
花	花几乎无梗，生于叶腋，花径8~12cm，花色有红色、白色、黄色、紫色、黑色等不同颜色，花瓣有单瓣、重瓣之分，花期6~9月
果和种子	分裂果，扁圆形，心皮多数，各含1粒种子，种子肾形

a) 茎干　　　　　　　b) 叶　　　　　　　c) 花

图4-40 蜀葵形态特征

【生态习性】地下部耐寒，在华北地区可露地越冬。喜光，不耐阴。耐干旱。对土壤要求不严，但以疏松、肥沃的土壤生长良好。

【常见品种】有3个主要类型：重瓣型、堆盘型和丛生型。最流行的黑色品种为"黑美"。（二维码4-124~4-131）

【繁殖方法】通常采用播种法繁殖，也可进行分株和扦插法繁殖。

【栽培管理】蜀葵栽植后适时浇水，开花前，结合中耕除草追肥1~2次。早春老根发芽时，应适量浇水。一般4年更新1次。在花期可用花宝二号1000倍液，每10~20天施用1次进行追肥，促进植株生长。花期用花宝三号稀释1000倍后，每10~20天施用1次补充磷肥、钾肥，可使植株花开不断。蜀葵易受卷叶虫、蚜虫、红蜘蛛为害，老株及干旱天气易发生锈病，应及时防治。

【园林应用】园林、庭院、路旁、墙角、建筑物旁、水池边、花坛、花境等均可栽植，由于蜀葵植株高大，花色鲜艳，盛开时繁花似锦，所以是夏、秋季花境的优良背景材料。布置时为避免与前景低矮植物的株高落差太大，应注意选择一些高茎类花卉作为过渡或填充材料。蜀葵也可与蒲苇、斑叶芒等观赏植物搭配，形成叶形、叶色的对比，且当谢花后，秋季的蒲苇花序也成一景，延长了花境的观赏期，丰富季相变化。（二维码4-132、4-133）

4. 落新妇 *Astilbe chinensis*（Maxim.）**Franch.et.Sav.**（图 4-41）

图 4-41 落新妇

【别名】红升麻、虎麻、金猫儿。
【科属】虎耳草科，落新妇属。
【产地与分布】原产于我国，广泛分布于长江中下游地区。
【识别要点】落新妇识别要点见表 4-21，落新妇形态特征如图 4-42 所示。

表 4-21 落新妇识别要点

识别部位	识别要点
茎干	多年生直立草本，株高 45~65cm，被褐色长柔毛并杂以腺毛；根茎横走，粗大呈块状，被褐色鳞片及深褐色长绒毛，须根暗褐色
叶	基生叶为 2~3 回三出复叶，具长柄，托叶较狭；小叶片卵形至长椭圆状卵形或倒卵形，长 2.5~10cm，宽 1.5~5cm，先端通常短渐尖，基部圆形、宽楔形或两侧不对称，边缘有尖锐的重锯齿
花	花轴直立，高 20~50cm，下端具鳞状毛，上端密被棕色卷曲长柔毛；花两性或单性，极少为杂性或雌雄异株，圆锥状花序顶生；小花密集，近无柄，萼片 5 枚，花瓣 3~4 枚或有缺，花瓣条形，长约 5mm，浅紫色或紫红色
果和种子	蒴果，成熟时橘黄色。种子多数

a) 茎干

b) 叶

c) 花

图 4-42 落新妇形态特征

【生态习性】生性强健，喜温暖气候，忌酷热，夏季温度高于34℃时明显生长不良；不耐霜寒，冬季温度低于4℃时进入休眠或死亡。最适宜的生长温度为15~25℃。一般在秋、冬季播种，以避免夏季高温。喜半阴。在湿润的环境下生长良好。喜较高的空气湿度，空气湿度过低，会加快单花凋谢。也不耐雨淋，夜间需要保持叶片干燥。最适空气相对湿度为65%~75%。对土壤适应性较强，喜微酸、中性、排水良好的沙质壤土，也耐轻碱土壤。

【同属其他种】阿兰德落新妇、童氏落新妇、蔷薇落新妇等。（二维码4-134~4-136）

【繁殖方法】以播种繁殖为主，也可分株繁殖。

【栽培管理】落新妇为长日照植物，生长和开花都需要较高的光照强度。为了种植出高品质植株，尽可能地保持冷凉天气，但要避免严寒。要求肥料浓度适中，每周给植株施加含150~200mg/kg氮的肥料。

【园林应用】庭院、公园等绿化美化，尤其是河畔、林下，用落新妇与其他花卉搭配布置景点显得层次丰富，活泼热烈，景观效果较为理想。（二维码4-137、4-138）

5. 玉簪 *Hosta plantaginea*（Lam.）Asch.（图4-43）

图4-43 玉簪

【别名】玉春棒。

【科属】天门冬科，玉簪属。

【产地与分布】原产自我国，目前世界各地广泛分布。

【识别要点】玉簪识别要点见表4-22，玉簪形态特征如图4-44所示。

表4-22 玉簪识别要点

识别部位	识别要点
茎干	根状茎粗大，并生有多条须根，株高40~70cm
叶	叶片从基部伸出，呈丛状，柄长，每柄1枚叶，卵形或心卵形，叶脉平行，先端尖，碧绿色
花	总状花序顶生，花偏于一侧，着花9~15枚，花冠管状漏斗形，白色，有单瓣、重瓣之分，有芳香味。花期7~9月
果和种子	蒴果三棱状圆柱形，长4cm左右，8~10月成熟；种子黑色，略扁平，边缘有薄翅，种子寿命3~5年

a) 茎干和根　　　　　　　b) 叶　　　　　　　　　c) 花

图 4-44　玉簪形态特征

【生态习性】耐寒，夏季温度高、土壤或空气干燥、强光直射时叶片易变黄。玉簪喜阴忌强光直射。喜湿。喜土层深厚，宜在肥沃、排水良好的沙质土壤环境中生长。

【变种及同属其他种】重瓣玉簪、波叶玉簪、紫萼玉簪等。（二维码 4-139~4-144）

【繁殖方法】以分株繁殖为主，也可播种繁殖。

【栽培管理】栽植地应选土层深厚、排水良好、肥沃的沙质壤土，以不受阳光直射的荫蔽处为好。环境通风、湿润，生长得会更好。株行距为 30cm×50cm。栽前施足基肥，发芽期及开花前可施氮肥及少量磷肥，使叶片繁茂，增加花朵数。生长期每 2~3 周施肥 1 次。春季返青前和入冬前需浇透水，生长期要及时浇水，夏季浇水要见干见湿，否则易使植株腐烂。雨季要及时排水，花谢后要及时疏除残花。肥水不宜过量，否则叶黄焦边，或者不开花。夏季阴湿，易受蜗牛为害，主要是舔食成苗和嫩茎，可在根际周围施 8% 的灭蜗灵颗粒，或是喷洒五氯酚钠溶液防治。此外，发生玉簪锈病时用粉剂防治。

【园林应用】林荫树下、建筑物背面进行绿化栽培，可美化环境，还可以盆栽布置室内及廊下。（二维码 4-145~4-147）

6. 鸢尾 *Iris tectorum* Maxim.（图 4-45）

【别名】蓝蝴蝶、"鬼脸花"等。

【科属】鸢尾科，鸢尾属。

【产地与分布】原产于我国中部及日本，主要分布在我国中南部。

【识别要点】鸢尾识别要点见表 4-23，鸢尾形态特征如图 4-46 所示。

图 4-45　鸢尾

表 4-23　鸢尾识别要点

识别部位	识别要点
茎干	根状茎短而粗壮，浅黄色，株高 30~60cm
叶	剑形，浅绿色，全缘，具平行脉，直立，长 30~50cm，嵌叠状排成 2 列，基部相互抱合
花	总状花序，花葶自叶丛中抽出，具 1~2 个分枝。高于叶丛，顶端着花 1~4 枚，花被片 6 枚，蓝紫色；外轮 3 枚大，内轮 3 枚小。花期 4~5 月
果和种子	蒴果长椭圆形，具六棱，种子多数，球形或圆锥形，深棕褐色，具假种皮。果期 6~9 月，种子寿命 2~3 年

a) 茎干和叶　　　　　　　　　　　　b) 花

图 4-46　鸢尾形态特征

【生态习性】较耐寒，生长适温为 15~18℃，极不耐炎热，越冬最低温 -14℃。阳性喜光。中生耐干燥。对土壤要求不严。

【同属其他种】鸢尾分为宿根鸢尾和球根鸢尾。德国鸢尾、西伯利亚鸢尾、黄鸢尾是宿根鸢尾最常见的几种。德国鸢尾开花色彩纷呈：白色、蓝色、紫色、紫红色、黄色和复合色；西伯利亚鸢尾则几乎都为蓝色、蓝紫色，极少数的是白色和黄色；而黄鸢尾则都是黄色的。

球根鸢尾包含的组群数量非常少。（二维码 4-148~4-151）

【繁殖方法】宿根鸢尾多采用分株繁殖，但有时也可用种子繁殖。

【栽培管理】生长期注意浇水以保持土壤湿润，同时追施 2~3 次液肥；雨季要及时排水，忌过湿或积水，冬季休眠期土壤可偏干一些。早春施 1 次腐熟的堆肥及骨粉，使枝叶生长茂盛，花朵鲜艳。

【园林应用】鸢尾是花坛、花境、路边、石旁的镶嵌材料，用于景观布置，可营造一个和谐、自然而又神奇的环境。（二维码 4-152~4-154）

7. 八宝景天 *Hylotelephium erythrostictum*（Miq.）H.ohba（图 4-47）

图 4-47　八宝景天

【别名】蝎子草、华丽景天、长药景天、大叶景天等。

【科属】景天科，八宝属。

【产地与分布】产于云南、贵州、四川、湖北、安徽、浙江、江苏、陕西、河南、山东、山西、河北、辽宁、吉林、黑龙江。日本也有分布。各地广为栽培。

【识别要点】八宝景天识别要点见表4-24，八宝景天形态特征如图4-48所示。

表4-24　八宝景天识别要点

识别部位	识别要点
茎干	株高30~50cm。地下茎肥厚，地上茎簇生，粗壮而直立，全株略被白粉，呈灰绿色
叶	叶轮生或对生，倒卵形，肉质，具波状齿
花	伞房花序密集如平头状，花序径10~13cm，花浅粉红色，常见栽培的尚有白色、紫红色、玫红色品种。花期7~10月
果	蓇葖果，呈星芒状排列，黄色至红色

a) 茎干

b) 叶

c) 花

图4-48　八宝景天形态特征

【生态习性】能耐-20℃的低温。喜强光。喜干燥、通风良好的环境，忌雨涝积水。喜排水良好的土壤，耐贫瘠和干旱。

【常见品种】'德国景天''红叶景天''北景天'等。（二维码4-155、4-156）

【繁殖方法】播种、分株或扦插繁殖，以扦插繁殖为主。

【栽培管理】生长期要给予充足的水分，尤其夏、秋季除经常保持土壤湿润外，还须经常向叶面喷水，以降温保湿；根据植株需求合理施肥。适时喷施花朵壮蒂灵，可促使花蕾强壮、花瓣肥大、花色艳丽、花香浓郁、花期延长。如果出现黄叶及时修剪。

【园林应用】八宝景天植株整齐，生长健壮，花开时似一片粉烟，群体效果极佳，园林中常将它用来布置成圆圈、方块、云卷、弧形、扇面等造型，是布置花境和点缀草坪、岩石园的好材料。（二维码4-157、4-158）

8. 宿根福禄考 *Phlox paniculata* L.（图4-49）

图4-49　宿根福禄考

【别名】福禄花、福乐花、五色梅、洋梅花、小洋花、小天蓝绣球等。
【科属】花荵科，福禄考属。
【产地与分布】原产于北美地区。
【识别要点】宿根福禄考识别要点见表4-25，宿根福禄考形态特征如图4-50所示。

表4-25 宿根福禄考识别要点

识别部位	识别要点
茎干	株高15~45cm，茎直立多分枝，有腺毛
叶	基部叶对生，上部叶有时互生，叶宽卵形、长圆形至披针形，长2.5~4cm，先端尖，基部渐狭，稍抱茎
花	聚伞花序顶生，花冠高脚碟状，花径2~2.5cm，裂片5枚，平展，圆形，花筒部细长，有软毛，原种红色。园艺栽培种有浅红色、紫色、白色等。花期5~6月
果和种子	蒴果椭圆形或近圆形，成熟时3裂，种子倒卵形或椭圆形，背面隆起，腹面较平

a) 茎干和叶　　　　　　　　b) 花

图4-50 宿根福禄考形态特征

【生态习性】宿根福禄考喜排水良好的沙质壤土和湿润环境。耐寒，忌酷日，忌水涝和盐碱。在半阴下生长最强壮，尤其是庇荫处，或与比它稍高的花卉如松果菊等混合栽种，更有利于其开花。宿根福禄考病虫害较少，偶有叶斑病、蚜虫发生。发生叶斑病时可喷洒50%的多菌灵可湿性粉剂1000倍液进行防治。发生蚜虫可用毛刷蘸洗衣粉稀释液刷掉，发生量大时可喷洒40%的氧化乐果乳油1500倍液。

【变种及品种】圆瓣种、星瓣种、须瓣种、帕洛娜矮生品种。（二维码4-159~4-161）

【繁殖方法】分株、压条和扦插繁殖。

【栽培管理】露地栽培应选背风向阳而又排水良好的土地，结合整地施入厩肥或堆肥作基肥，化肥以磷酸二铵效果最好。5月初~5月中旬移植，株距以40~45cm为宜，栽植深度比原深度略深1~2cm。生长期经常浇水，保持土面湿润。6~7月生长旺季，可追施1~3次人粪肥或饼肥。在东北，有些品种应在根部盖草或覆土保护越冬。在11月中旬，应浇1次封冻水，早春浇1次返青水。

【园林应用】宿根福禄考的花期正值其他花卉开花较少的夏季，可用于布置花坛、花境，也可点缀于草坪中。宿根福禄考是优良的庭园宿根花卉，也可用作盆栽或切花。（二维码4-162~4-165）

9. 丛生福禄考 *Phlox subulata* L.（图 4-51）

图 4-51 丛生福禄考

【别名】针叶天蓝绣球。
【科属】花荵科，福禄考属。
【产地与分布】原产于北美东部，我国华东地区有引种栽培。
【识别要点】丛生福禄考识别要点见表 4-26，丛生福禄考形态特征如图 4-52 所示。

表 4-26 丛生福禄考识别要点

识别部位	识别要点
茎干	老茎半木质化，株高 8~10cm，枝叶密集，匍地生长
叶	叶针状，簇生，革质，长约 1.3cm，春季鲜绿色，夏、秋暗绿色，冬季经霜后变成灰绿色
花	花有紫红色、白色、粉红色等，呈高脚杯形，有芳香味，花期 4~12 月，第一次盛花期 4~5 月，第二次花期 8~9 月，延至 12 月还有零星小花陆续开放
果	蒴果长圆形，长约 4mm

a) 茎干和叶　　　　　　　　　　　b) 花

图 4-52 丛生福禄考形态特征

【生态习性】极耐寒，耐旱，耐贫瘠，耐高温。在 -8℃时，叶片仍呈绿色，-32℃可越冬。在贫瘠的黄沙土地上，即使多日无雨，仍可生存生长，也可耐 42℃的高温。一年中还可两度开花，每次可开花 40 天左右。丛生福禄考是极好的草坪植物替代品种。

【常见品种】丛生福禄考变种及品种很多，常见的有 10 余种，依品种叶色不同有翠绿色、深绿色、墨绿色之分，花色有紫红色、粉红色、紫堇色、白色及带条纹变化。（二维码 4-166~4-168）

【繁殖方法】以扦插和分株繁殖为主。

【栽培管理】丛生福禄考夏季应注意及时修整，尤其是开花之后，要疏除开过花的枝蔓和不整齐的枝蔓。不可用剪草机推剪，只能用手剪进行修整。发现杂草，需人工清除，不要喷洒除草剂。在干旱季节，丛生福禄考易发生红蜘蛛为害，症状是叶丛发黄。在过于严寒的地区，可在田间的种苗上覆盖一层树叶或树枝，这样可避免严寒带来的冻害。

【园林应用】丛生福禄考具备了宿根花卉的不少优良性状，园林用途较多：可种植在裸露的空地上；可点缀在边缘绿化带内；可栽种于岩石空隙间；可与郁金香、风铃草、矮化萱草等花卉混种；可种植在大树下，起到黄土不露天的美化效果；还可种植在边坡地段，不仅美化坡地，还能减少水土流失。丛生福禄考以花期长、绿期长，颇受群众青睐，特别是早春开花时，繁花似锦，喜庆怡人，群体观赏效果极佳，特别适宜布置阳性的花境。（二维码 4-169~4-171）

10. **蓝花鼠尾草** *Salvia farinacea* **Benth.**（图 4-53）

图 4-53 蓝花鼠尾草

【别名】粉萼鼠尾草、一串蓝、蓝丝线、鼠尾草。

【科属】唇形科，鼠尾草属。

【产地与分布】原产于美国德克萨斯州、墨西哥和欧洲南部及西班牙到地中海北岸一带。我国主要分布于华东，湖北、广东及广西。

【识别要点】蓝花鼠尾草识别要点见表 4-27，蓝花鼠尾草形态特征如图 4-54 所示。

表 4-27 蓝花鼠尾草识别要点

识别部位	识别要点
茎干	丛生，株高 30~60cm。分枝较多，有毛
叶	茎下部叶为二回羽状复叶，茎上部叶为一回羽状复叶，具短柄。叶对生，被白色绒毛，椭圆形，有叶柄，全缘或具钝锯齿，质地厚
花	轮伞花序 2~6 枚花，组成顶生假总状或圆锥花序，长 20~35cm，花色为蓝色、浅蓝色、浅紫色、浅红色或白色。唇形花，上唇瓣小，下唇瓣大，花谢后宿存。花期 4~10 月
种子	种子成熟后要及时采摘，否则易掉落

图 4-54 蓝花鼠尾草形态特征

a) 茎干　　b) 叶　　c) 花

【生态习性】喜光照充足和湿润的环境，喜排水良好的沙质壤土或土质深厚壤土，但一般土壤均可生长，耐旱性好，耐寒性较强，可耐 -15℃的低温，不耐炎热、干燥。

【繁殖方法】播种、扦插繁殖。

【栽培管理】小苗真叶达到 2~3 枚时开始移栽上盆，选择 12cm×13cm 的营养钵，基质选择含有机肥或复合肥的疏松、通气性好的园土。植株长出 4 对真叶时留 2 对真叶摘心，促发侧枝。上盆后温度可降低至 18℃，过 1 个月可降至 15℃。生长期施用硫铵 1500 倍液，以改变叶色，效果较好。为使植株根系健壮和枝叶茂盛，不断施肥非常重要，开花前增施磷肥、钾肥 1 次，花谢后摘除花序，仍能抽枝继续开花。

5 月下旬，室外温度达到 15~20℃时可进行定植，定植距离为 15~20cm，定植过程中注意保护根系，定植后保证肥水充足，雨季注意排水防涝，气温高达 35℃时注意遮阴避光。为了确保其安全越冬，可做适当处理。在初霜时进行适当修剪，疏除嫩枝，选取木质化高的枝条，保留 10~15cm，在土壤上冻前浇足水，覆盖塑料布，在塑料布上层覆盖 10cm 左右的土，压实，确保周围不留缝隙，避免透风将枝条抽干。第二年 5 月中旬撤土，注意操作时避免伤到根系，同时可施肥浇灌，即可确保蓝花鼠尾草的继续生长。

【园林应用】蓝花鼠尾草可大面积栽培，广泛用于路边绿化、花坛和园林景点的美化。（二维码 4-172~4-176）

11. 千叶蓍 *Achillea millefolium* L.（图 4-55）

【别名】西洋蓍草、蓍草。

【科属】菊科，蓍属。

【产地与分布】我国各地庭园常有栽培，新疆、内蒙古及东北少见野生。广泛分布于欧洲、非洲北部、伊朗、蒙古、俄罗斯西伯利亚。

【识别要点】千叶蓍识别要点见表 4-28，千叶蓍形态特征如图 4-56 所示。

图 4-55　千叶蓍

表 4-28　千叶蓍识别要点

识别部位	识别要点
茎干	基部丛生，株高可达 50~80cm，茎直立，中上部有分枝，密生白色长柔毛
叶	叶矩圆状披针形，2~3 回羽状深裂至全裂，似许多细小叶片，故有"千叶"之说
花	头状花序，花期 5~9 月
果	瘦果矩圆形，长约 2mm，浅绿色。果期 7~9 月

a) 茎干和叶　　　　　　　　　　　b) 花

图 4-56　千叶蓍形态特征

【生态习性】对土壤及气候条件要求不严，非常耐瘠薄，半阴处也可生长良好；耐旱，尤其夏季对水分的需求量较少，为城市绿化中的"节水植物"。如果水分过多，则会引起生长过旺，植株过高。如果有积水情况会引起烂根，所以土壤排水条件要好。

【常见品种】有粉色、红色、黄色、紫色等混合色品种，花色艳丽。（二维码 4-177、4-178）

【繁殖方法】多分株繁殖，也可扦插繁殖。

【栽培管理】要求排水良好的土壤条件，湿度过高易造成植株倒伏，应及时修剪上部茎叶，春季修剪，有利于夏季更好开花。注意防治白粉病、锈病。

【园林应用】千叶蓍因花期长、花色多、耐旱等特点，在园林中多用于花境布置。与喜阳、肥水要求不严的花卉搭配种植效果较好，如蓝刺头、蛇鞭菊、钓钟柳、紫松果菊等。有些矮小品种可布置岩石园，也可群植于林缘形成花带，或片植作花境主景。（二维码 4-179~4-181）

12. 假龙头花 *Physostegia virginiana*（L.）Benth.（图 4-57）

图 4-57　假龙头花

【别名】随意草、囊萼花、棉铃花、伪龙头、芝麻花、虎尾花、一品香。
【科属】唇形科，假龙头花属。
【产地与分布】原产于北美洲东部，现各地均有栽培。
【识别要点】假龙头花识别要点见表 4-29，假龙头花形态特征如图 4-58 所示。

表 4-29 假龙头花识别要点

识别部位	识别要点
茎干	株高 60~120cm，茎四方形
叶	叶对生，披针形，叶缘有细锯齿
花	夏季至秋季开花，顶生，穗状花序，唇形花冠，花序自下端往上逐渐绽开，花期持久。花色有浅红色、紫红色或斑叶变种
果	小坚果，果期 9~10 月

a) 茎干　　　　　　　　　　　b) 叶　　　　　　　　　c) 花

图 4-58 假龙头花形态特征

【生态习性】喜疏松、肥沃、排水良好的沙质壤土，夏季干燥生长不良。成株丛生状，盛开的花穗迎风摇曳，婀娜多姿。生性强健，地下匍匐茎易生幼苗，栽培 1 株后，常自行繁殖无数幼株。

【常见品种】园艺品种有矮株型或高株型，其中又有粉色、白色、蓝色、红色等花色的品种。（二维码 4-182、4-183）

【繁殖方法】用分株或扦插法繁殖。

【栽培管理】栽培土质要求不严，但以排水良好的肥沃沙质壤土最佳。要求阳光充足，荫蔽处植株易徒长，开花不良。切花栽培株距为 30cm，整地时预先混合腐熟堆肥作基肥，定植成活后摘心 1 次，促使多分枝。每月施用 1 次氮肥、磷肥、钾肥进行追肥。磷肥、钾肥比例稍多，可促进开花。春季至夏季为旺盛生长期，栽培地宜保持足够的湿度，切勿使植株干旱而影响生育和开花。老株于冬季或早春整枝 1 次，3 年生以上植株宜再更新栽培。

【园林应用】假龙头花叶秀花艳，适合大型盆栽或切花，栽培管理简易，宜布置花境、花坛背景或野趣园中丛植。（二维码 4-184、4-185）

三、球根植物识别

1. 大花美人蕉 Canna generalis Bailey（图 4-59）

【别名】兰蕉、红艳蕉。

图 4-59 大花美人蕉

【科属】美人蕉科，美人蕉属。

【产地与分布】原产于美洲热带地区、印度、马来半岛等，分布于印度及我国的南北各地。全国各地均可栽培。

【识别要点】大花美人蕉识别要点见表4-30，大花美人蕉形态特征如图4-60所示。

表4-30 大花美人蕉识别要点

识别部位	识别要点
茎干	地下具肥壮多节的根状茎，地上假茎直立无分枝，株高1~1.5m，全身被白霜
叶	叶大型，互生，呈长椭圆形，叶柄鞘状
花	顶生总状花序，常数枚至十数枚簇生在一起，萼片3枚，绿色，较小；花被片3枚，柔软，基部直立，先端向外翻。花色丰富，有乳白色、米黄色、亮黄色、橙黄色、橘红色、粉红色、大红色、红紫色等多种，并有复色斑纹。花心处的雄蕊多瓣化而呈花瓣，其中一枚常外翻呈舌状，其他的呈旋卷状。花期6~10月
果和种子	蒴果绿色，椭圆形，外被软刺；种子圆球形，黑色

a) 茎干

b) 叶

c) 花

图4-60 大花美人蕉形态特征

【生态习性】喜高温炎热，忌强风，不耐寒。喜阳光充足。耐湿，但忌积水。以肥沃壤土最适宜。

【常见品种】有'红花美人蕉''双色美人蕉''花叶美人蕉''紫叶美人蕉'等。（二维码4-186~4-190）

【繁殖方法】播种或分株繁殖。

【栽培管理】大花美人蕉适应性强，生长快，花枝多，在养护管理上应注意抓好施肥、浇水、病虫害防治等问题。大花美人蕉喜肥，栽植时施足基肥。肥料的选择和施用的时机应根据季节和植株生长情况确定。在大花美人蕉的日常管理养护中，水分控制的好坏，直接影响植株质量，浇水不当或过干过湿都易造成大花美人蕉生长不良，甚至死亡。所以必须适量适时，根据季节、天气灵活掌握。大花美人蕉的病虫害比较多，发病较普遍，在栽培中应严格检疫措施，以防为主，防治结合，及时检查，及时防治。常见的病害有花叶病，蕉锈病，黑斑病，梭斑病等。发生病害必须及时拔除病株并销毁。不用带病的根、茎作繁殖材料。在整个生长期注意治蚜防病，及时喷洒适当药剂。虫害常见的有焦苞虫、小地老虎等，发现焦苞虫可摘除虫苞，杀死其中虫体，喷 90% 敌百虫 800 倍液，毒杀幼虫；发现小地老虎可用敌敌畏、氧化乐果、乐斯本混合液喷施。

【园林应用】大花美人蕉花大色艳，为重要的观赏花卉，既可旱生，又可湿生，湿生的植株比旱生的低矮；适宜用于花境自然式丛植，也可在河岸、池塘浅水处作水景配植。（二维码 4-191、4-192）

2. 唐菖蒲 Gladiolus gandavensis Van Houtte（图 4-61）

图 4-61　唐菖蒲

【别名】菖兰、剑兰、扁竹莲、十样锦、十三太保。
【科属】鸢尾科，唐菖蒲属。
【产地与分布】原产于非洲好望角，南欧、西亚等地中海地区也有分布，在我国各地均有栽培。
【识别要点】唐菖蒲识别要点见表 4-31，唐菖蒲形态特征如图 4-62 所示。

表 4-31　唐菖蒲识别要点

识别部位	识别要点
茎干	地下部分具球茎，扁球形，株高 60~150cm，茎粗壮直立，无分枝或少有分枝
叶	叶硬质剑形，7~8 枚叶嵌叠状排列
花	花茎高出叶片，蝎尾状聚伞花序顶生，着花 12~24 枚排成 2 列，侧向一边，少数为四面着花；每枚花生于草质佛焰苞内，无梗；花大型，左右对称；花冠筒呈膨大的漏斗形，稍向上弯，花径 12~16cm；花色有红色、黄色、白色、紫色、蓝色等深浅不同的单色或复色，或具斑点、条纹，或呈波状、褶皱状；花期夏、秋季
果和种子	蒴果 3 室、背裂，内含种子 15~70 粒。种子深褐色，扁平有翅

a) 茎干和叶　　　　　　　　　　b) 花

图 4-62　唐菖蒲形态特征

【生态习性】忌寒冻，夏季喜凉爽气候，不耐过度炎热，球茎在 4~5℃条件下即萌动；白天 20~25℃，夜间 10~15℃生长最好。北方需挖出球茎放于室内越冬。唐菖蒲为喜光性长日照植物，以每天 16h 光照最为适宜。不耐涝，喜肥沃、深厚的沙质土壤，要求排水良好，不宜在黏重土壤和易有水涝处栽种。

【常见品种】优良品种有'含娇''大红袍''藕荷丹心''鸳鸯锦''紫英华''玉人歌舞''烛光洞火''黄金印''琥珀生辉''桃白''金不换''冰罩红石''红婵娟'等。（二维码 4-193~4-199）

【繁殖方法】以分球繁殖为主，也可采用切球、播种、组织培养等方法繁殖。

【栽培管理】栽培唐菖蒲应选择向阳、排水良好、富含腐殖质的沙质壤土；在黏土中虽能生长开花，但更新球发育差，大球下形成的小球也少。栽种前土壤施用足够的基肥，基肥种类以富含磷肥、钾肥为好。栽植深度依土壤性质与球茎大小而异，一般为 5~10cm，株行距（15~25cm）×（15~25cm）。生长期间追肥 3 次，第一次在 2 枚叶展开后，以促进茎叶生长；第二次在 4 枚叶伸长育蕾时，以促进花枝粗壮、花朵大；第三次在开花后，促进更新球发育。生长期日照有利于花芽分化、发育，夏季如遇干旱，应充分灌溉，同时雨季注意排水。

生产上以栽种球茎为主，春季按球茎大小分级，并用 70% 的甲基托布津粉剂 800 倍液浸泡 30min，然后在 20~25℃条件下催芽，1 周左右即可栽植。病毒侵染严重、退化明显的植株，可采用茎尖脱毒使植株复壮。

唐菖蒲种植

定植后气温应保持在白天 20~25℃、夜间 15℃左右。也可用延后栽培，种球收获后贮存于 3~5℃干燥冷库中，第二年 7~8 月再种植于温室中。

【园林应用】唐菖蒲对 SO_2 有较强的抗性，对 HF 敏感，可作监测大气污染的指示植物。唐菖蒲可布置于花坛、花境、山石旁、庭院等，大面积种植可营造清新典雅的环境气氛。唐菖蒲是四大切花之一，插花的主要素材，市场需求量很大。（二维码 4-200、4-201）

3. 百合 *Lilium brownii* var. *viridulum* Baker（图 4-63）

【别名】卷帘花、山丹花。

图 4-63　百合

【科属】百合科，百合属。

【产地与分布】主产于湖南、四川、河南、江苏、浙江，全国各地均有种植。

【识别要点】百合识别要点见表4-32，百合形态特征如图4-64所示。

表4-32 百合识别要点

识别部位	识别要点
茎干	株高70~150cm，茎直立，圆柱形，常有紫色斑点，无毛，绿色。有的品种（如沙紫百合）在地上茎的叶腋间能产生珠芽；有的在茎地下部分，茎节上可长出"籽球"
叶	叶片总数可多于100枚，互生，无柄，披针形至椭圆状披针形，全缘，叶脉弧形。有些品种的叶片直接插在土中，少数还会形成小鳞茎，并发育成新个体
花	花大，多为白色，漏斗形，单生于茎顶。6月上旬现蕾，7月上旬始花，7月中旬盛花，7月下旬终花
果和种子	蒴果长卵圆形，具钝棱。种子多数，卵形，扁平。果期7~10月

图4-64 百合形态特征

【生态习性】百合的生长适温为15~25℃，温度低于10℃，生长缓慢，温度超过30℃则生长不良。生长过程中，温度以白天21~23℃、夜间15~17℃最好。促成栽培的鳞茎必须通过7~10℃低温贮藏4~6周。百合喜柔和光照，也耐强光照和半阴，光照不足会引起花蕾脱落，开花数减少；光照充足，植株健壮矮小，花朵鲜艳。百合属于长日照植物，每天增加6h光照时间，能提早开花。如果光照时间减少，则开花推迟。百合喜湿润的空气条件，这样有利于茎叶的生长。但如果土壤过于潮湿、积水或排水不畅，会使百合鳞茎腐烂死亡。土壤要求为肥沃、疏松和排水良好的沙质壤土，土壤pH为5.5~6.5最好。

【同属其他种】王百合、麝香百合、南京百合等。（二维码4-202~4-206）

【繁殖方法】无性繁殖和有性繁殖均可。

【栽培管理】应选择肥沃、高燥、排水良好、土质疏松的沙质壤土栽培。前茬以豆类、瓜类或蔬菜地为好，每亩施有机肥 3000~4000kg（或复合肥 100kg）作基肥。每亩施 50~60 kg 石灰（或 50% 的地亚农 0.6kg）进行土壤消毒。精细整地，作高畦，宽幅栽培，畦面中间略隆起利于雨后排水。一般下种至出土，中耕 2~3 次。到生长中期再松土 2~3 次，以疏松土壤，清除杂草，并结合培土，防止鳞茎裸露。百合最忌水涝，应经常清沟排水。适时打顶，春季百合发芽时应保留壮芽，其余疏除，以免引起鳞茎分裂。当苗高长至 27~33cm 时，及时摘顶，控制地上部分生长，以集中养分促进地下鳞茎生长。对有珠芽的品种，如果不打算用珠芽繁殖，应及时摘除，结合夏季摘花，以减少鳞茎养分消耗。打顶后控制施氮肥，以促进幼鳞茎迅速肥大。夏至前后应及时疏除珠芽，清理沟墒，以降低田间温湿度。

【园林应用】百合花姿雅致，青翠娟秀，花茎挺拔，是点缀庭院的名贵花卉；适合布置专类园，可于疏林、空地片植或丛植，可作花境中心或背景材料。（二维码 4-207~4-211）

4. 大丽花 *Dahlia pinnata* Cav.（图 4-65）

图 4-65　大丽花

【别名】大丽菊、天竺牡丹、大理花等。
【科属】菊科，大丽花属。
【产地与分布】原产于墨西哥，20 世纪初引入我国，现在多个省区均有栽培。
【识别要点】大丽花识别要点见表 4-33，大丽花形态特征如图 4-66 所示。

表 4-33　大丽花识别要点

识别部位	识别要点
茎干	为多年生草本花卉，肉质块根肥大，外表层灰白色、浅黄色或浅紫红色，呈圆球形、甘蓝形、纺锤形等。新芽只能在根茎处萌发，茎直立，绿色或紫褐色，平滑，有分枝，节间中空。株高依品种而异，50~250cm
叶	叶对生，1~3 回羽状深裂，裂片卵形，极少为不裂的单叶，锯齿粗钝，总柄微带翅状
花	头状花序顶生，具长总梗。管状花两性，多为黄色；舌状花单性，色彩艳丽，因品种不同而富于变化，有白色、黄色、橙色、红色、紫色等。花期长，6~10 月开放
果和种子	瘦果长椭圆形，种子扁平，黑色，8~10 月底成熟，种子寿命 5 年

a) 茎干　　　　　　　　　　b) 叶　　　　　　　　　　c) 花

图 4-66　大丽花形态特征

【生态习性】大丽花喜温暖、向阳及通风良好的环境，既不耐寒又畏酷暑。喜阳光充足的环境条件。不耐水涝。喜高燥、凉爽及富含腐殖质、疏松、肥沃、排水良好的沙质壤土。

【常见品种】大丽花栽培品种繁多，全世界约 3 万种。按花朵的大小划分为：大型花（花径 20.3cm 以上）、中型花（花径 10.1~20.3cm）、小型花（花径 10.1cm 以下）3 种类型。按花朵形状划分为：葵花型、兰花型、装饰型、圆球型、怒放型、银莲花型、双色花型、芍药花型、仙人掌花型、波褶型、双重瓣花型、重瓣波斯菊花型、莲座花型和其他花型 14 种花型。

其主要栽培品种有：

'寿光'：花鲜粉色，花瓣末端白色，花朵艳丽，花径 12cm，株高 110cm。夏、秋季切花品种。

'朝影'：花鲜黄色，花瓣先端白色，重叠圆厚，不露花心，花径 12cm，株高 120cm。易栽培。

'丽人'：花紫红色，花瓣先端白色，花径 10cm，株高 100cm，直立性强。小型切花品种。

'华紫'：花纯紫色，花径 12cm。紫色系中最佳品种。

'瑞宝'：花橙红色，不露心，呈睡莲状开放，花径 12cm。极早花品种。宜大棚栽培。

'福寿'：花鲜红色，花瓣先端有白色斑痕。

'珠宝'：夏、秋季花朱红色，10 月后花橙红色，花径 12cm。

'新晃'：花鲜黄色，花瓣先端白色，花多，株高 90cm。

'红妃'：花深红色，叶直立，枝多，容易栽培。

'新泉'：花鲜红色，花瓣末端白色，花形美，极早花品种。

'红簪'：花粉色，花瓣浑圆，玫瑰形，花径 12cm。植株紧凑协调，非常美丽。（二维码 4-212~4-216）

【繁殖方法】分根和扦插繁殖是大丽花繁殖的主要方法，大丽花还可通过种子繁殖。

【栽培管理】大丽花茎高多汁柔嫩，要设立支柱，以防风折。浇水要掌握干透再浇的原则，夏季连续阴天后突然暴晴，应及时向地面和叶片喷洒清水来降温，否则叶片将发生焦边和枯黄。伏天无雨时，除每天浇水外，也应喷水降温。现蕾后每隔 10 天施 1 次液肥，直到花蕾透色为止。霜冻前留 10~15cm 根茎，剪去枝叶，掘起块根，就地晾 1~2 天，即可堆放室内以干沙贮藏。贮藏室温为 5℃左右。

【园林应用】大丽花是世界名花之一，作为花境材料，景观效果十分理想。（二维码 4-217~4-220）

5. 郁金香 *Tulipa gesneriana* **L.**（图 4-67）

【别名】草麝香、洋荷花。

图 4-67　郁金香

【科属】百合科，郁金香属。

【产地与分布】原产地中海沿岸、中亚细亚和土耳其等地。现为广泛栽培的花卉。

【识别要点】郁金香识别要点见表4-34，郁金香形态特征如图4-68所示。

表4-34 郁金香识别要点

识别部位	识别要点
茎干	多年生草本植物，地下具有圆锥状鳞茎，棕褐色皮膜；茎光滑，具白粉
叶	叶光滑，具白粉；茎生叶披针形或卵状披针形，3~5枚
花	花单生茎顶呈杯状直立生长，似卵形，大型花长达5~8cm，原种为洋红色，花被片6枚，雄蕊6枚。郁金香变种和栽培品种繁多，单瓣、重瓣均有，花色有白色、黄色、紫色、黑色、红色、深红色、玫瑰红色等，还有杂色的镶边花和斑纹等复色花
果和种子	蒴果圆柱形，有三棱。种子扁平，半透明膜质，内含乳白色胚

  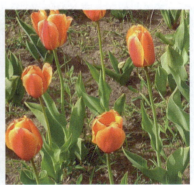

a) 茎干　　　　　　　　　　b) 叶　　　　　　　　　　c) 花

图4-68 郁金香形态特征

【生态习性】喜冬季温和、湿润和夏季凉爽、稍干燥的向阳或半阴环境，耐寒性强，冬季可耐-35℃的低温，生长适温为8~20℃，最适温度为15~18℃，花芽分化适温为17~20℃，根系损伤后不能再生。喜半阴，中生或湿润。喜富含腐殖质、排水良好的沙质壤土，忌低温、黏重土。

【常见品种】红色系：'摩斯特麻衣路兹'，深红色；'帕路里希达'，初为橙红色，不久变为绯红色；'洛拉多'，鲜红色镶白边；'博学'，鲜红色；'基斯内里斯'，深红色，镶鲜黄色边；'伯奇哥'，绯红色；'艾森豪威尔将军'，鲜红色；'普里特奥哈沦'，鲜桃红色；'哈迪埃洛蒂'，绯红色；'斯特列柯比姆'，紫红色；'玫瑰美人'，深桃色。

黄色系：'赫蒂富兹'，鲜黄色；'金质奖'，深柠檬黄色；'别洛究鲁'，深黄色；'黄飞腾'，亮黄色。

白色系：'莫扎特'，白色镶红边；'运动员'，纯白色；'兹马'，白底镶红边；'阿洛比罗'，纯白色。（二维码4-221~4-229）

【繁殖方法】郁金香繁殖方法有分球繁殖、种子繁殖和组织培养繁殖，后两种繁殖方法需要时间长，成本高，除培育新品种、脱毒等特殊用途外，一般都采用分球繁殖方法。

【栽培管理】选购种球：球茎丰满、外表皮光亮无损伤、无病虫害痕迹、球茎直径3cm以上者为优质种球。如果要提早在2月前开花，需选购经过低温处理的种球。

栽植宜于秋季进行，可地栽，可盆栽。栽种后要浇足定根水，早春萌芽出土后，浇水量一定要充足而均衡，土壤要保持湿润而又不能积水，如果长期土壤水分不足会抑制生长，导致花葶短矮、花小，甚至产生"盲花"。浇水时间宜于上午9:00前进行。

在种植时除施足基肥外，还应在幼芽出土、展叶、现蕾和谢花4个时期，分别施1次1%的速效复合肥。在育蕾期，每隔 5~7 天对叶面喷施 2~3 次 0.2% 的磷酸二氢钾溶液，能有效提高开花质量。

另外，若要提前在冬季或早春开花，可选用经过低温处理的种球，提前 50~60 天在温室内进行促成栽培。促成栽培的基质用石（或沙）和腐殖土混合配制，消毒后上盆。种后覆土与球茎顶端平齐，先在 9~12℃条件下养护 30 天，促发球茎生根，再将花盆移至温室光照充足处管理，保持室温为 20℃左右，大约经 30 天即可开花。促成栽培中一定要保持盆土湿润，切忌忽干忽湿。展叶后，用 0.2% 的磷酸二氢钾溶液喷雾叶片 2~3 次，无须增施其他肥料，就能正常开花。

种球采收：6 月以后，当地上茎叶枯黄、地下茎外表皮变为浅褐色时，掘出球茎，晾干后除去土块和残根，用 0.1% 的高锰酸钾溶液浸泡消毒 20min，然后储藏于干燥通风阴凉处。储藏期间气温以 20℃左右为宜，长期超过 23℃或低于 17℃都会对第二年的生长开花不利，进入 8 月以后温度可逐渐降至 15℃。

【园林应用】郁金香是重要的春季球根花卉，宜布置花坛、花境，也可丛植于草坪上、落叶树树荫下。在园林中多成片用于布置花境或形成整体色块景观。（二维码 4-230~4-232）

学习情境五
室内观赏植物识别

【学习目标】

- 知识目标：1. 描述室内观赏植物的类型；
  2. 明确各种室内观赏植物的识别要点；
  3. 总结各种室内观赏植物的栽培管理措施。
- 能力目标：1. 能够识别各种室内观赏植物；
  2. 能够运用各种室内观赏植物的生态习性和栽培要点进行园林应用。
- 素质目标：1. 培养学生自主学习的能力；
  2. 培养学生沟通及语言表达的能力；
  3. 培养学生尊重自然、保护环境的意识。

【学习内容】

室内观赏植物根据观赏特性主要分为观花植物、观叶植物和观果植物 3 种类型。这里主要学习观花草本植物和观叶植物，观花木本植物和观果植物见学习情境一部分。

一、室内观花植物识别

1. 君子兰 *Clivia miniata* **Regel Gartenfl.**（图 5-1）

图 5-1 君子兰

【别名】达木兰、剑叶石蒜等。
【科属】石蒜科，君子兰属。
【产地与分布】原产于非洲南部亚热带山地森林中，分布广泛。
【识别要点】君子兰识别要点见表 5-1，君子兰形态特征如图 5-2 所示。

表 5-1 君子兰识别要点

识别部位	识别要点
茎干	多年生常绿草本。根肉质纤维状，叶基部形成短而粗的假鳞茎，无分枝，茎干被叶鞘包裹
叶	叶似剑形，互生排列，全缘。革质有光泽
花	伞形花序顶生。每个花序有小花7~30枚，多的可达40枚以上。小花有柄，在花葶顶端呈两行排列。花漏斗状，黄色或橘黄色
果和种子	浆果圆球形，成熟后紫红色，需异花授粉培育种子

a) 茎干　　　　　　　　　b) 叶　　　　　　　　　c) 花

图 5-2　君子兰形态特征

【生态习性】喜温暖湿润及半阴环境。10℃以下生长缓慢，5℃以下处于相对休眠状态，0℃以下受冻害；30℃以上徒长，叶片过长，花葶过高，观赏价值降低。要求相对湿度为70%~80%，喜疏松肥沃、排水良好、富含腐殖质的微酸性沙壤土，土壤含水量以20%~30%为宜，切忌积水，尤其是冬季低温时，以防烂根。不宜强光照射，夏季需置于荫棚下栽培。

【品种及同属其他种】垂笑君子兰：叶片窄，宽6cm左右，叶脉中凸起，纵叶脉紧密，墨绿色，无光泽，无弹性，叶两侧斜立，叶端向下弯曲。花轴细，花冠下垂。

君子兰常见栽培品种有：

'黄技师'：叶片宽，短尖，浅绿色，有光泽，脉纹呈"田"字形隆起；红色花，开花整齐；果实为球形。

'大胜利'：为早期君子兰佳品。叶片中宽，短尖，深绿色，叶面有光泽；花大，鲜红色，开花整齐；果实球形。在它基础上又育出二胜利等。

'大老陈'：叶片较宽，渐尖，深绿色；花深红色，果实球形。

'染厂'：叶片较宽，渐尖，叶薄而弓，花鲜红色；果实卵圆形。

'和尚'：为早期名品之一。叶片宽，急尖，光泽度较差，脉纹较明显，深绿色；花紫红色，果实为长圆形。以它为母本，又选育出抱头和尚、小和尚、光头和尚、铁北和尚、和尚短叶、花脸和尚等品种。

'油匠'：为早期优良品种之一。叶片宽，渐尖，叶绿色，有光泽；叶长斜立，脉纹凸起；花大，橙红色；果实圆球形。以它为亲母，还育出小油匠等品种。

'短叶'：叶片中宽，急尖，深绿色，花橙红色；果实圆球形，叶片短。（二维码5-001~5-010）

【繁殖方法】分株繁殖与播种繁殖两种方法。

【栽培管理】君子兰喜肥，要求土质疏松、通透性好、肥力足，以满足不同生长发育时期的营养要求。盆栽用土通常用腐熟的马粪、腐叶土、泥炭土、腐殖土（动植物腐熟而成）、河沙、炉渣等，根据需要依不同比例配制而成。如果幼苗初次上盆，以腐叶土为主，加马粪、河沙，以5∶3∶1的比例配制。二年生苗，可用腐叶土4份、马粪5份、河沙1份的比例配制。三年生苗（10~12枚叶），则以泥炭土为主，混以腐叶土和河沙，以7∶3∶1的比例配制，因已进入生殖阶段，应加入适量磷肥。成株的盆土应调整为马粪5份、腐殖土4份、河沙1份，另加适量磷肥、钾肥。盆土在使用前要进行消毒，将pH调至6.5~7.0。君子兰一般在3~4月或8月进行换盆或上盆，栽培盆多用高筒陶盆。2 枚叶时上盆,用直径为 10cm 的盆；3~5 枚叶时,换直径为 13cm 的盆；5~10 枚叶时用直径为 20cm 的盆；4 年以上的成株,常用直径为 33cm 的花盆。成株一般每 1~2 年换盆 1 次。

君子兰叶片两列状,但有时因趋光生长,常发生叶片歪曲排列不规则的现象。为避免这一现象发生,可使叶片南北向放置,每隔一段时间,180°转盆一次；如果已经发生不规则现象,可用两片竹片,弯成半圆形夹于叶丛两侧,以逐步校正。

君子兰要求土壤和环境湿润,浇水应掌握"见湿见干,浇则浇透"的原则。在 3~6 月和 9~10 月君子兰旺盛生长季节应充分供应水分；夏季气温高,君子兰生长缓慢,应适当控制浇水,但要多向地面和叶面喷水,保持较高的空气湿度；冬季也要减少浇水,温室内温度较高的应加大空气湿度,水温应与气温一致。

春季换盆时施入基肥；生长季每月追施稀薄液肥 1 次,并视生长情况喷施磷酸二氢钾或尿素进行根外追肥,浓度为 0.1%~0.3%,每半月 1 次。6~8 月和 10 月以后停止施肥；如果冬季温室温度较高,植株生长正常,也可适当施肥。

【园林应用】君子兰属植物花、叶、果兼美,观赏期长,是布置会场、楼堂馆所和美化家庭环境的名贵花卉。(二维码 5-011、5-012)

2. 非洲菊 *Gerbera jamesonii* Bolus(图 5-3)

图 5-3　非洲菊

【别名】扶郎花、嘉宝菊、大丁草、灯盏花等。
【科属】菊科,非洲菊属。
【产地与分布】原产于非洲南部的德兰士瓦,我国各地常见栽培。
【识别要点】非洲菊识别要点见表 5-2,非洲菊形态特征如图 5-4 所示。

表 5-2　非洲菊识别要点

识别部位	识别要点
茎干	基部常木质化,全株被细毛,株高 30~40cm
叶	基生叶多数,丛生如莲座状。叶具长柄,椭圆披针形,有羽状裂刻,叶背披白绒毛,叶缘有稀疏锯齿
花	花单生,头状花序,花枝高出叶丛。花色有白色、粉色、金黄色、浅黄色、浅红色、深红色等
果和种子	瘦果,种子细小多数。寿命短,不宜久存。果期 4~11 月

a) 茎干　　　　　　　　　b) 叶　　　　　　　　　c) 花

图 5-4　非洲菊形态特征

【生态习性】 喜冬季温暖，夏季凉爽，空气流通的环境。生长期最适温度为 20~25℃，冬季适温为 12~15℃，低于 10℃或高于 30℃停止生长，处于半休眠状态。若想终年有花，冬季温度需维持在 15℃以上，夏季温度不超过 26℃。喜阳光充足，对日照长度不敏感，在强光下，花朵发育最好，略有遮阴，可使花茎较长。不耐积水。要求肥沃、疏松、富含腐殖质，土层深厚，微酸性的沙质壤土。

【常见品种】 非洲菊的品种主要可分为矮生盆栽型和现代切花型。矮生盆栽型主要是 F1 代杂交种，具有花期一致、色彩变化丰富、生育期短、习性整齐、多花性强等特点；现代切花型品种花梗笔直，花径大的可达 15cm，花期长，可终年开花、观赏时间持久，瓶插寿命长达 7~10 天。现代切花型又可分为单瓣型、半重瓣型、重瓣型；根据颜色可分为鲜红色系、粉色系、纯黄色系、橙黄色系、纯白色系等。（二维码 5-013~5-017）

【繁殖方法】 组织培养繁殖是主要方法，也可用分株繁殖和扦插繁殖。

【栽培管理】 切花生产时，应于定植前施足基肥，调整土壤 pH 及进行土壤消毒，床面高 30~40cm，床宽 80cm，栽植 2 行，株距 30cm，通道宽 50cm，平均每平方米栽植 18~20 株。栽植不宜过深，但也不能过浅，定植后需浇透水，以利于生长。初期的生长对植株以后的发育有极大的影响。浇水时切忌将水淋洒在叶片上，否则花芽会全部腐烂而不能开花。多年生老株的叶片层层重叠，影响通风透光，应及时把下部老叶疏除。夏季要注意保持冷凉和通风的环境，冬季温度保持在 10~15℃，同时加强追肥，可开花不断，中午温度尽量不能超过 25℃。另外，高湿容易发生病害，尤其是多雨季节要保持室内干燥。

盆栽每年应换盆 1 次，盛花前追施液肥 3~4 次，培养土应呈酸性和疏松透气。浇水要掌握见干见湿的原则，放室内陈设的要经常搬到室外见光。

【园林应用】 非洲菊风韵秀美，花色艳丽，周年开花，装饰性强，且能耐长途运输，切花供应期长，是理想的切花花卉。非洲菊也宜盆栽观赏，用于装饰厅堂、门侧，点缀窗台、案头等；作宿根花卉，可作庭院丛植、布置花境，装饰草坪边缘等。（二维码 5-018~5-020）

3. 鹤望兰 *Strelitzia reginae* Aiton（图 5-5）

【别名】 极乐鸟、天堂鸟、吉祥鸟等。

【科属】 鹤望兰科，鹤望兰属。

【产地与分布】 原产于非洲南部，我国南方大城市的公园、花圃有栽培，北方则为温室栽培。

【识别要点】 鹤望兰识别要点见表 5-3，鹤望兰形态特征如图 5-6 所示。

图 5-5　鹤望兰

表 5-3 鹤望兰识别要点

识别部位	识别要点
茎干	地下具粗壮的肉质根，还有根状茎。地上茎不明显
叶	叶似基生，具长柄，椭圆形，对生，叶色深，质地较硬，具直出平行脉
花	花从叶丛中抽生，花梗长而粗壮，花序为侧生的穗状花序，外有一紫色的总苞，内着生 6~10 枚小花，外瓣为橙黄色
果和种子	果实紫黑色，内有种子 30~50 粒，要获取种子需人工授粉，2~3 个月成熟后，及时采收

a) 茎干和叶　　　　　　　　b) 花

图 5-6 鹤望兰形态特征

【生态习性】要求冬季温暖、夏季凉爽而湿润、昼夜温差较大的气候条件，不耐寒、忌霜冻。生长适温为 13~24℃，但对温度的适应范围较大，可耐 0~40℃ 的温度，冬季温度不能低于 5℃。喜光照，生长期除夏季可稍遮阳外，应给予充足的光照，持续阴天影响叶片生长和花的姿态、色彩。地下肉质根能贮藏水分，所以具有较强的抗旱能力，忌水湿。对土壤要求不严，以排水良好和富含腐殖质的土壤为好。

【同属其他种】白冠鹤望兰、金色鹤望兰、棒叶鹤望兰等。（二维码 5-021~5-025）

【繁殖方法】播种、分株和组织培养繁殖。

【栽培管理】盆栽：应视苗的大小采取相应的栽培方法，2~3 年生的播种小苗，应先地栽 2 年左右，见到花芽后再栽入相应的盆中，这有利于植株生长和增加花芽的数量。盆栽已开花的植株时，栽前要用发根剂浸渍后再上盆。盆土要求富含腐殖质和排水良好。全年应置于全光照下，冬季搬入室内或温室后，要保持足够的光照。生长期间，每半月施 1 次腐熟的饼肥水，从花茎形成到盛花期，施 2~3 次过磷酸钙。花谢后要及时剪除残花，以减少养分消耗。一般每 2 年换 1 次盆土。

地栽：主要是在大棚内做切花生产。定植前应进行土壤消毒，施入足够的有机肥，对土壤 pH 要求不严，酸性、中性至碱性都能适应。定植最佳时期是 3 月下旬~6 月上旬，但在大棚内，3~11 月都可进行定植。株行距随大棚大小而定，一般行距为 80~90cm，株距为 50~60cm。为避免土壤浪费，可先行密植，每平方米 3~4 株，经 3~4 年后再行移植。栽植已开花的植株，栽植穴直径应超过 60cm。栽后踏实。定植后要浇足水，第 1 周每天浇水 1 次，以后做到见干就浇。鹤望兰极耐干旱，1~2 个月不浇水一般也不会干枯。通常情况下，冬季每 7~10 天于中午浇 1 次水即可，夏季每周浇水 2~3 次，但也要防止过分干燥。生长期要及时追施肥料。常见病害有立枯病和锈病，前者在排水不良和植株较大的情况下容易发生，定植前开好排水沟即可防治；后者在梅雨季节容易发生，发病后应及时摘除病叶，以避免感染健康部位。常见虫害主要有二化螟、金龟子、介壳虫等，可用相应药剂防治。

【园林应用】鹤望兰四季常青,植株别致,具清晰、高雅之感。切花瓶插可达 15~20 天之久,是室内观赏的佳品。在我国南方地区鹤望兰可丛植,用于庭院造景和花坛、花境的点缀。(二维码 5-026)

4. 花烛 Anthurium andraeanum Linden(图 5-7)

图 5-7 花烛

【别名】安祖花、烛台花、红鹤芋、红掌等。

【科属】天南星科,花烛属。

【产地与分布】原产于南美洲热带雨林潮湿、半阴的沟谷地带,欧洲、亚洲、非洲皆有广泛栽培。

【识别要点】花烛识别要点见表 5-4,花烛形态特征如图 5-8 所示。

表 5-4 花烛识别要点

识别部位	识别要点
茎干	株高 30~50cm,茎极短
叶	叶从根茎抽出,具长柄,单生、心形,鲜绿色,叶脉凹陷
花	花腋生,佛焰苞蜡质,正圆形至卵圆形,鲜红色、橙红肉色、白色,肉穗花序,圆柱状,直立。四季开花,一叶一花
果和种子	浆果,8~9 月成熟,粉红色,小浆果含 2~5 粒种子,须人工授粉

a) 茎干和叶

b) 花

图 5-8 花烛形态特征

【生态习性】对温度要求较高，生长适温为20~30℃，冬季温度不低于15℃，低于15℃则不能形成佛焰苞，13℃以下出现冻害。因此，花烛需高温温室栽培，一般日光型温室和大棚栽培比较困难。宜半阴环境。但长期生长在遮阴度大的环境下，花烛往往叶柄长，植株偏高，花朵色彩差、缺乏光泽。特别是盆栽花烛，除强光时适当遮阴外，还需明亮光照，对茎叶生长和开花有益。对水分比较敏感，尤其是空气湿度，以空气湿度80%~90%最为适宜。生长期应经常向叶面和地面喷水，以增加空气湿度，对茎叶生长和开花均十分有利。生长期盆内可多浇水，冬季温度低，浇水不能过多，以防根部腐烂，但空气湿度仍需保持在80%以上。土壤必需排水良好、透气性强，常用保水性好、肥沃疏松的腐叶土和水苔作盆栽基质。

【品种及同属其他种】花烛同属植物有200多种，其中有观赏价值的有20多种，常见的有：火鹤花、水晶花烛、长叶花烛、掌叶花烛、'矮花烛'、'黄苞花烛'、'白斑花烛'、'大白花烛'等。（二维码5-027~5-033）

【繁殖方法】有分株、扦插、播种、组织培养等繁殖方法，生产中常采用分株繁殖和组织培养繁殖。

【栽培管理】盆栽花烛可根据品种和商品要求选择15~25cm不同规格的盆。栽培基质可因地制宜选择材料。目前最多使用的为水苔、泥炭土、腐叶土、陶粒、稻糠和树皮颗粒等，常用2~3种配制的混合基质。一般品种定植后栽培9~12个月开花。如果保持高温和高湿条件，可开花不断。一般每2年换1次盆。常见病害有炭疽病、叶斑病和花序腐烂病等，用等量式波尔多液或65%的代森锌可湿性粉剂500倍液喷洒。常见虫害有介壳虫和红蜘蛛，为害植株地上部分，可用50%的马拉松乳油1500倍液喷杀。

【园林应用】花烛是重要的热带切花植物，其佛焰花苞硕大，肥厚具蜡质，色泽有红色、粉色、白色、绿色、双色等。其色泽鲜艳，造型奇特，应用范围广，是目前全球发展快、需求量较大的高档热带切花和盆栽花卉。（二维码5-034~5-036）

5. 香石竹 *Dianthus caryophyllus* L.（图5-9）

图5-9　香石竹

【别名】康乃馨、母亲花等。

【科属】石竹亚科，石竹属。

【产地与分布】原产于地中海地区，在亚洲的日本、韩国和马来西亚等国都有大量栽培。在欧洲的德国、匈牙利、意大利、波兰、西班牙、土耳其、英国和荷兰等国栽培的规模也很大。

【识别要点】香石竹识别要点见表 5-5，香石竹形态特征如图 5-10 所示。

表 5-5　香石竹识别要点

识别部位	识别要点
茎干	多年生宿根草本。茎丛生，质地坚硬，灰绿色，节膨大，高 30~70cm
叶	叶厚线形，对生。茎叶与我国石竹相似而较粗壮，被白粉
花	花大，具芳香味，单生，2~3 枚簇生或成聚伞花序；萼下有菱状卵形小苞片 4 枚，先端短尖，长度约为萼筒 1/4；萼筒绿色，5 裂；花瓣不规则，边缘有齿，单瓣或重瓣，有红色、粉色、黄色、白色等。花期 4~9 月
果和种子	蒴果圆柱形，种子褐色，种子寿命 3~5 年

a) 茎干和叶　　　　　　　　b) 花

图 5-10　香石竹形态特征

【生态习性】喜凉爽，不耐炎热，可忍受一定程度的低温。若夏季气温高于 35℃，冬季气温低于 9℃，生长均十分缓慢甚至停止。属中间性植物，喜阳光充足。土壤或介质长期积水或湿度过高、叶片表面长期高温，均不利于其正常生长发育，以重壤土为好。适宜其生长的土壤 pH 是 5.6~6.4。

【常见品种】聚花型、多花型、迷你型等，如'绿都''醉花'等。（二维码 5-037~5-039）

【繁殖方法】通常有播种、压条和扦插繁殖，以扦插繁殖最常用。

【栽培管理】定植时要求浅栽，以土刚好盖住根系、基部第一对叶不没入土壤为宜。定植后立即浇透定根水，2 天内喷洒 1 次杀菌剂，1 周内对幼苗进行喷雾，直至幼苗成活长出新根系。定植后缓苗期温度要适当高一些，1 周内保持白天 20~30℃、夜间 15~20℃。7~9 月高温季节，要及时通风降温，并拉遮阳网（透光率 70%~80%）遮阴，以保证香石竹生长的适宜环境。早春塑料大棚温度低，在幼苗定植成活后，一般要控制浇水，以促进根系充分生长。夏季气温高，隔 4 天浇 1 次水，秋季隔 6~7 天浇 1 次水。香石竹较喜肥，在基肥的基础上要不断追肥，追肥掌握薄肥勤施的原则。前期追施生根肥，以氮肥、磷肥、钾肥为主；中后期逐渐减少氮肥用量，增加磷肥、钾肥用量，还要配合施用钙、镁、硼等微量元素肥；花蕾形成后，可用磷酸二氢钾进行叶面追肥 1~2 次，以提高茎干硬度。摘心可以决定产花量并调节花期。一般在定植后 20~25 天进行摘心，每株苗留 3~4 节，即从植株基部起留 4 对叶片。摘心要在晴天进行，摘心后应及时喷洒杀菌剂，并逐渐升高温度，以刺激侧芽萌发。摘心后萌发的侧芽每株留 3~6 个作为开花枝，其余疏除。对于开花枝上的小侧芽，单花型品种（大花系）和多花型品种（小花系）处理有所不同：单花型品种除顶端主花蕾以外的侧枝和侧蕾应全部抹掉，使养分集中供给顶花；多花型品种主花苞长到 1cm 时抹掉，留主花苞以下 5~6 节内的花蕾，其余的侧枝、侧蕾应及时疏除。随着植株的生长，要对植株适时撩头，并做好提网工作，确保植株挺直不倒伏，提高其商品性。

【园林应用】香石竹用于切花最多,也偶尔用于花坛、花境、庭院,也可盆栽,应用较为广泛。香石竹是世界上应用最普遍的四大鲜切花之一,在国际花卉市场销路最好。(二维码 5-040、5-041)

6. 文心兰 *Oncidium sphacelatum* Lindl.(图 5-11)

图 5-11 文心兰

【别名】舞女兰。

【科属】兰科,文心兰属。

【产地与分布】原生于美洲热带地区,种类分布最多的有巴西、美国、哥伦比亚、厄瓜多尔及秘鲁等国家。

【识别要点】文心兰识别要点见表 5-6,文心兰形态特征如图 5-12 所示。

表 5-6 文心兰识别要点

识别部位	识别要点
茎干	多年生常绿丛生草本植物。株高 20~30cm,假鳞茎紧密丛生,扁卵形至扁圆形,长 12.5cm,有红色或棕色斑点
叶	叶片较宽厚,有软叶和硬叶品种,软叶品种大多扁长形,叶尾带尖,每 2~3 枚连生在 1 个假鳞茎的头上,柔软青翠,生机勃勃;硬叶品种似剑麻的叶子,显得壮健。扇形互生
花	总状花序,腋生于假鳞茎基部,花茎长 30~100cm,直立或弯曲,有时分枝;花大小变化较大,花径为 2.5cm 左右,花朵唇瓣为黄色、白色或褐红色,单花期约 20 天,花朵数多达数十枚,因其花形似穿连衣裙的少女,所以又名舞女兰
果和种子	蒴果,种子细小

a) 茎干和叶

b) 花

图 5-12 文心兰形态特征

【生态习性】喜高温，忌闷热，最适生长、开花的温度为15~28℃，低于8℃或高于35℃易停止生长。忌强光直射，夏季应遮光50%，春季、秋季则应遮光30%，冬季全光照有利于开花。耐干旱，空气湿度控制在80%比较合适。栽培文心兰的基质可选用草炭土：碎木屑：蛭石为4：3：3的比例配制，也可用椰糠与苔藓或木炭与蕨根混配，都十分利于植株生长。

【常见品种】'野猫''蜜糖''香水'等。（二维码5-042~5-046）

【繁殖方法】通常采用分株繁殖与组织培养繁殖。

【栽培管理】文心兰的气生根生长旺盛，栽植一定要露出根茎，否则很难生长旺盛，盆底部可放一些碎砖块、瓦片、泡沫塑料等以利于透水通风。

换盆时可施豆饼、复合肥于基质中，生长季节可间隔15~20天施1次0.5%的液肥，开花前期以施磷肥为主。如果盆中基质太湿易造成烂根，因此文心兰浇水不用太勤，一般夏季3天浇1次水，春、秋季5天浇1次水，冬季温室内空气湿度太大，一般7天浇1次水。

贯彻"以防为主，防治结合"的原则。文心兰常见病害有黑斑病、炭疽病等，特别是冬季，若气温低，易导致黑斑病发生，并且扩展速度很快。一旦发病可用40%的灭病威600~800倍液或25%的多菌灵可湿性粉剂400~600倍液喷洒防治。

【园林应用】文心兰是一种既美丽而又极具观赏价值的兰花，适合于家庭居室和办公室瓶插，也是加工花束、小花篮的高档用花材料。（二维码5-047~5-049）

7. 大花蕙兰 *Cymbidium hybrid*（图5-13）

图5-13 大花蕙兰

【别名】蝉兰、西姆比兰等。

【科属】兰科，兰属。

【产地与分布】原产于印度、缅甸、泰国、越南和我国南部等地区。

【识别要点】大花蕙兰识别要点见表5-7，大花蕙兰形态特征如图5-14所示。

表5-7 大花蕙兰识别要点

识别部位	识别要点
茎干	常绿多年生附生草本，假鳞茎粗壮，属于合轴性兰花。假鳞茎通常有12~14节（不同品种有差异），每节上均有隐芽。大花蕙兰的根系发达，根多为圆柱状，肉质，粗壮肥大，大都呈灰白色，无主根与侧根之分，前端有明显的根冠

(续)

识别部位	识别要点
叶	叶片2列，长披针形，叶片长度、宽度不同品种间差异很大。叶色受光照强弱影响很大，黄绿色至深绿色
花	大花蕙兰花序较长，小花数一般大于10枚，不同品种之间有较大差异。花被片6枚，外轮3枚为萼片，花瓣状；内轮为花瓣，下方的花瓣特化为唇瓣。花大型，花径6~10cm，花色有白色、黄色、绿色、紫红色或带有紫褐色斑纹
果和种子	蒴果，每粒果实中有数十万粒种子，十分细小

a) 茎干和叶　　　　　　　　　　　　b) 花

图 5-14　大花蕙兰形态特征

【生态习性】大花蕙兰对温度的适应性较强，10~35℃皆可生长，并能抗短时48℃超高温和短时0℃的低温。但是，其最适生长温度为白天20~30℃、夜间8~20℃。适宜生长的光照强度是15000~70000lx，是兰花中对光照强度要求较高的一种。在适宜的光照下，植株生长健壮，株形挺拔，叶片短而宽，叶质较厚，叶绿色中带黄色，假鳞茎充实饱满，开花率高，花朵数多，花色鲜艳。如果光照强度长期过弱，光合作用效率不高，植株营养不足，植株表现徒长，叶片细长，质薄而软，外弯角度大，缺乏光泽，最终使花数减少。兰棚栽培一般使用单层遮阳网（遮光率50%~70%）遮光，冬、春季弱光季节可不遮光。它要求较高的空气湿度，最佳空气湿度为80%~90%，空气湿度过低不利于生长发育，栽培场地可用喷雾、设置水池、放置水盆等办法增加空气湿度。但是，大花蕙兰具有半气生性，栽培基质不能积水，积水引起根系缺氧、窒息死亡。栽培基质要具有较好的通气性、排水性，同时又具有较好的保湿性和保肥性，以满足对水、肥的要求。通常采用树皮、莎椤根、木炭、水苔、椰衣、陶粒、火山石等材料中的一种或多种混合作基质。

【常见品种】'西藏虎头兰''笑春''彩虹''垂花蕙兰'等。（二维码5-050~5-055）

【繁殖方法】主要采用组织培养进行繁殖。

【栽培管理】栽培大花蕙兰与栽培别的花卉一样，按苗的大小选择相应大小的盆，苗长大后再按需要换较大的盆。换盆时把植株连同基质从盆中取出，除去旧基质，剪去坏根，把根系泡在0.1%的高锰酸钾溶液中消毒20min，阴干后用清洁水苔包裹根系，放入新盆中，填加基质，直至仅露出假鳞茎。

大花蕙兰植株高大，需肥较多，每周施液肥1次；每月施有机固体肥1次。氮肥、磷肥、钾肥的比例为小苗2∶1∶2，中苗1∶1∶1，大苗1∶2∶2。在花期前半年停施氮肥，促进植株从营养生长转向开花。在管理上不能以时间来确定浇水措施，而应以植株、基质、天气等因素来确定，基质干了才浇水，浇则浇透，使污浊空气和有害物质随水排出。

【园林应用】大花蕙兰植株挺拔，花茎直立或下垂，花大色艳，主要用作插花、盆栽观赏。大花蕙兰适用于室内花架、阳台、窗台摆放，如多株组合成大型盆栽，适合宾馆、商厦布置。（二维码5-056）

8. 蝴蝶兰 *Phalaenopsis aphrodite* Rchb.f.（图5-15）

【别名】蝶兰。

【科属】兰科，蝴蝶兰属。

【产地与分布】在我国台湾和泰国、菲律宾、马来西亚、印度尼西亚等地都有分布，其中以台湾出产最多。

【识别要点】蝴蝶兰识别要点见表5-8，蝴蝶兰形态特征如图5-16所示。

图5-15 蝴蝶兰

表5-8 蝴蝶兰识别要点

识别部位	识别要点
茎干	茎很短，常被叶鞘所包
叶	肥厚肉质的叶片交互叠列于短茎之上。叶面硬革质，单生，有光泽；椭圆形、长圆形或镰刀状长圆形，长10~20cm，宽3~6cm，先端锐尖或钝，基部楔形或有时歪斜，具短而宽的鞘
花	总状花序，花梗较长，拱形，有十几枚花，可连续开2个月左右，花色有白色、黄色、红色、紫色、橙色等，还有双色或三色者
果和种子	蒴果，长形，成熟时开裂，种子小而多

a）茎干和叶　　　　　　　　　　b）花

图5-16 蝴蝶兰形态特征

【生态习性】蝴蝶兰属于热带高温兰，适宜生长温度为20~30℃。低于15℃即进入休眠，低于10℃容易死亡，但高于35℃影响生长并容易患病。开花需经历1个月15~18℃的低温才能促成花芽分化，此后如果继续持续低温则花梗萌发迟缓。

蝴蝶兰喜空气湿度大且通风的环境。要求经常保持空气湿度为60%~80%，并且保持空气流通，最好有微风吹拂，盆内不能积水过多，否则极易烂根，所以通气是养好蝴蝶兰的关键。忌干热风吹拂。北方冬季种植不能放在暖气片上或直对空调风吹拂。

蝴蝶兰忌烈日直射，否则会大面积灼伤叶片；但也不耐室内过阴，会导致生长缓慢，不利于养分存储和开花。最好能使其接受散射光，则植株生长强健且病害少。

由于没有匍匐茎和假鳞茎，蝴蝶兰不耐旱，又由于气生性，蝴蝶兰也畏涝湿。夏季高温时期保持基质湿润即可，可用喷雾洒水降温增湿（但不能使叶心留水容易烂心），可大大减少腐根和病害的发生率。冬季少浇水仅保持基质微湿即可。

【常见品种】目前，蝴蝶兰流行的品种主要有：

红花品种：大型红花向来是蝴蝶兰的主要品种，主流品种为'巨宝红玫瑰''火鸟''红龙''大辣椒''内山姑娘'和'光芒四射'等。

黄花品种：目前国内市场上的黄花品种约占10%，而黄花品种有90%以上为'富乐夕阳''昌新皇后'和'兄弟女孩'，也有'Anthura Gold'和'万花筒'等品种。

白花品种：蝴蝶兰白花品种在国内市场的占有率较低，主流品种包括大型白花品种'V3'；白花红心品种'雪中红'；中小白花品种'阳光彩绘''小家碧玉''台湾阿嬷'，中小白花品种的消费群体多为城市上班族。（二维码5-057~5-063）

【繁殖方法】可用无菌播种、组织培养和分株法进行繁殖。

【栽培管理】蝴蝶兰是标准的附生植物，栽培时根部要求通气良好。盆栽用盆的底部一般要有4个透气排水孔，也要开有相应的透气口。可用特制的素烧陶盆或塑料花盆，也可用木框盆或编织盆。因蝴蝶兰是气生兰，栽培基质不能用土，而应用苔藓、碎砖粒、棕树皮、椰壳纤维等为宜。移栽的最佳时期是在春末夏初，此时花期刚过，新根开始生长。气温应在20℃以上，温度太低时植株恢复生长慢，管理稍有不当就易引起植株腐烂。幼苗4~6个月换1次盆，可不去掉原盆栽基质，以免伤根，只将根的周围再包一层苔藓（或其他基质），栽种到大一号的新盆中即可。新换盆的小苗在2周内需放在荫蔽处，这期间不可施肥，只能喷水或适量浇水。成苗1年换1次盆或换栽培基质。换盆时，先将植株从盆中取出，用镊子将根周围的旧盆栽基质去掉，注意不可伤根；用剪刀将已枯死的老根和部分茎干剪去，再用盆栽基质将根部包起来，使根系均匀分散开来，不可将几条根靠在一起包。盆底填充碎砖粒、盆片等排水物，上面填充1/3的苔藓和2/3的蕨根（或蛇木屑），将包好根的植株栽入盆中，以能将苗固定在盆中为好，不可过紧。幼苗移栽后，2~3天内不能浇水。生长期可施豆饼水等农家肥或复合肥料。小苗应施氮肥，以利于枝叶生长；中大苗则宜施磷、钾含量较高的肥料，以利于开花。养护得当，两年就可开花。蝴蝶兰在温度为15℃以上时方能生长，如果夜间低于10℃，也会有不良后果。蝴蝶兰耐高温，但烈日曝晒会灼伤叶片，使叶片老化，失去光泽，甚至死亡。最好在花台上设水池，铺上卵石，把盆放在石上，不受水渍，保持空气湿度，上有遮阴，空气流通。

蝴蝶兰换盆

【园林应用】蝴蝶兰是一种适合室内养殖的植物，花形似蝶，优雅，秀气，具有"兰中皇后"的美誉。其花朵是蝴蝶兰最有观赏价值的部分，主要做切花和盆花栽培。（二维码5-064、5-065）

9. 仙客来 *Cyclamen persicum* Mill.（图5-17）

【别名】一品冠、兔耳花、萝卜海棠等。

【科属】报春花科，仙客来属。

【产地与分布】原产于希腊、叙利亚、黎巴嫩等地；现已广为栽培。

【识别要点】仙客来识别要点见表5-9，仙客来形态特征如图5-18所示。

图 5-17 仙客来

表 5-9 仙客来识别要点

识别部位	识别要点
茎干	块茎扁圆球形或球形，肉质
叶	叶片由块茎顶部生出，心形、卵形或肾形；叶缘有细锯齿；叶面绿色，具有白色或灰色晕斑；叶背绿色或暗红色；叶柄较长，红褐色，肉质
花	花单生于花茎顶部，花朵下垂，花瓣向上反卷，犹如兔耳；花有白色、粉色、玫红色、大红色、紫红色、雪青色等，基部常具深红色斑；花瓣边缘多样，有全缘、缺刻、皱褶和波浪形等
果和种子	蒴果圆形，内含褐色种子10~20粒或更多，种子成熟期5~7月，顶端开裂漏出

a) 茎干和叶

b) 花

图 5-18 仙客来形态特征

【生态习性】喜凉爽、湿润及阳光充足的环境，秋、冬、春3季为生长季节，夏季不耐暑热，喜阴凉，需防暑降温，通常移于室外荫棚下培养。适宜生长温度白天20℃左右、夜间10~12℃。温度为10℃以下时，长势弱，花色暗淡，容易凋谢；温度达30℃以上时，植株进入休眠状态；温度超过35℃时，植株容易受害而腐烂死亡。生长期要求相对湿度为70%~75%，盆土要经常保持适度湿润，不可过分干燥，即使只经1~2天过分干燥，也会使根毛受到损伤，植株萎蔫，生长受挫，恢复缓慢。要求疏松、肥沃、排水良好而富含腐殖质的沙质壤土，土壤以微酸性为宜。仙客来是中间性植物，日照长度的变化对花芽分化和开花没有决定性的作用。影响花芽分化的主要环境因子是温度，其适温为15~18℃。仙客来常自花授粉，也可异花授粉。

【常见品种】仙客来有20多个品种，根据花型可将其分为4类：

大花型：花大，花瓣全缘、平展、反卷，有单瓣、重瓣、芳香等品种。

平瓣型：花瓣平展、反卷，边缘具细缺刻和波皱，花蕾较尖，花瓣较窄。

洛可可型：花半开、下垂，花瓣不反卷、较宽、边缘有波皱和细缺刻，花蕾顶部圆形，花具香气，叶缘锯齿显著。

皱边型：花大，花瓣边缘有细缺刻和波皱，花瓣反卷。

（二维码 5-066~5-072）

【繁殖方法】通常采用播种繁殖，一些结实不良的优良品种，可用分割块茎法繁殖。

【栽培管理】待小苗长出 1 枚真叶时，进行第一次分苗。盆土以腐叶土 5 份、壤土 3 份、河沙 2 份的比例混合。移植时，大部分块茎应埋入土中，只留顶端生长点部分露出土面。移植后浸透水，并遮去强烈阳光。当幼苗恢复生长时，逐渐给予光照，加强通风，勿使盆土干燥，温度保持在 15~18℃，适当追施氮肥，切勿使肥水沾污叶片，以免引起叶片腐烂。第二年 1~2 月，当小苗长至 3~5 枚叶时，移入直径为 10cm 的盆中，盆土改为腐叶土 3 份、壤土 2 份、河沙 1 份，并施入腐熟饼肥和骨粉作基肥。栽植时，块茎顶端稍露出土面，盆土不必压实。栽后，喷水 2 次，使盆土湿透，以后保持表土湿润即可。每周施氮肥 1 次，使叶片生长肥厚。3~4 月气温转暖，仙客来发叶增多，对肥、水需要量增加，应加强肥、水管理；保持盆土湿润并加强通风；遮去午间强烈阳光，尽量保持较低的温度，防淋雨水及盆土过湿，以免球根腐烂。常置于户外有防雨设施的荫棚中栽培。由于夏季气温高，施肥极易引起球茎腐烂，因而从 6 月底起，停止施肥 2 个月。9 月定植于直径为 20cm 的盆中，老块茎应露出土面 1/3 左右。盆土同前，但应增施基肥，追肥应多施磷肥、钾肥，以促进花蕾发育。但 11 月现蕾后，应停止追肥，加强光照。12 月初花，至第二年 2 月可达盛花期。第三年 5 月，气温升高，开花的仙客来会逐渐枯萎黄化，进入休眠状态，这时就要减少灌水量。枝叶枯萎、盆土干燥后，可置于通风遮阴处，但盆土不宜过于干燥，否则会使块茎干瘪无用。

度过夏季休眠状态的块茎，在立秋后可少量浇水，维持盆土湿润，但不能过湿，因为这时老块茎的根叶尚未发育好。10 月以后，天气转凉，可摘除黄叶，如果过早摘除，气温高会造成块茎损伤处腐烂。当芽开始萌发生长时，可将老块茎自盆中倒出，剥除老块茎四周的宿土，重新更换新土、盆。老块茎翻盆栽植时，同样应将球面露出土面 1/3，同时要浇透水，以后经常保持盆土潮湿即可。翻盆 20 多天后松土 1 次，以后再松土 2 次，松土时注意勿伤根。之后不宜再松土，但应加强肥水管理，1 周施氮肥 1 次。

仙客来易自花授粉，可于花期上午 10：00~11：00 时用手轻弹花梗，花粉即可落到柱头上而授粉结实。但自花授粉往往会造成品种生活力下降，常进行人工异花授粉。选取具有品种典型性状的健壮植株做父本、母本，在母本花粉未成熟前，去雄、套袋，于花谢后 2~3 天，柱头分泌黏液时，采异株的父本花粉授粉，重复授粉 3 次。受精后花梗下垂，此时应将花盆垫高，以防蒴果触地霉烂，并追施磷肥、钾肥，保持光照充足，通风良好。从授粉到果实成熟需 3~4 个月，蒴果成熟期不一致，应分批采收。置于通风凉爽处，待蒴果开裂，取出种子，阴干，于 4℃低温下干燥贮藏，生活力可保持 3 年。

【园林应用】仙客来花形别致，娇艳夺目，株态翩翩，烂漫多姿，是冬、春季节优美的名贵盆花。其花期长，可达 5 个月，是元旦、春节等传统节日的首选。仙客来常用于室内布置，摆放花架、案头；点缀会议室、餐厅等均宜；也可用于切花，瓶插持久。（二维码 5-073~5-075）

10. 马蹄莲 *Zantedeschia aethiopica* (L.) Spneng.（图 5-19）

【别名】海芋、观音莲、慈姑花。

【科属】天南星科，马蹄莲属。

【产地与分布】原产于非洲东北部及南部，分布于

图 5-19 马蹄莲

我国北京、江苏、福建、台湾、四川、云南及秦岭地区，栽培供观赏。

【识别要点】马蹄莲识别要点见表5-10，马蹄莲形态特征如图5-20所示。

表5-10 马蹄莲识别要点

识别部位	识别要点
茎干	植株清秀挺拔，地下块茎褐色，肥厚粗壮，肉质，株高40~80cm
叶	基生，折叠抱茎。叶片卵状或戟形，先端锐尖，亮绿色，具平行脉，全缘。叶柄长50~65cm，上部有棱，基部鞘状
花	肉穗花序，上部为雄花，下部为雌花。花梗自叶丛中抽出，佛焰苞白色或乳白色，长14cm左右，马蹄形，圆柱状。无花被，有芳香味。花期2~4月、9~10月
果和种子	浆果，近球形，每粒果实有种子4粒。很难获取成熟果实

a) 茎干和叶

b) 花

图5-20 马蹄莲形态特征

【生态习性】喜温暖、潮湿和稍有遮阴的环境，但花期宜有阳光，否则佛焰苞常带绿色。不耐寒冷和干旱。通常冬、春季开花，高温的夏季休眠。

【品种及同属其他种】常见的栽培品种有3个。

'白梗马蹄莲'：块茎较小，生长较慢。但开花早，着花多，花梗白色，佛焰苞大而圆。

'红梗马蹄莲'：花梗基部稍带红晕，开花稍晚于白梗马蹄莲，佛焰苞较圆。

'青梗马蹄莲'：块茎粗大，生长旺盛，开花迟。花梗粗壮，略呈三角形。佛焰苞端尖且向后翻卷，黄白色，体积较以上两种小。

除此之外，同属还有常见的栽培种，如：

黄花马蹄莲：苞片略小，金黄色，叶鲜绿色，具白色透明斑点。深黄色花，花期7~8月，冬季休眠。

红马蹄莲：苞片玫红色，叶披针形，矮生，花期6月。

银星马蹄莲：叶具白色斑块，佛焰苞白色或浅黄色，基部具紫红色斑，花期7~8月，冬季休眠。

黑心马蹄莲：深黄色，喉部有黑色斑点。（二维码5-076~5-078）

【繁殖方法】以分球繁殖为主，也可播种繁殖。

【栽培管理】马蹄莲为秋植球根花卉，盆栽需9月初进行。盆土用泥炭土1份、壤土2份，再加一些骨粉和厩肥配制。每盆栽4个块茎，先放在阴凉处，保持湿润，约20天出苗。出苗后放在阳光下，并经常保持盆土潮湿。温室栽培冬季可不遮阴，春、夏、秋3季少量遮阴，可遮去

30%~50% 的光照。冬季温度应保持在 10℃以上，生长的适宜温度为 15~25℃，夏季 25℃以上和冬季 5℃以下都可能造成植株枯萎休眠。温度降到 0℃时块茎会受冻而死亡。每 1~2 周施 1 次液肥。注意肥水不要浇进叶柄内，以免腐烂。马蹄莲喜潮湿，但栽种初期，新叶展开前土壤不宜太湿，以微潮为好。以后，生长期间应保持充足的水分。开花前，若叶片过多，可将外部老叶摘除，以利于花茎抽出。元旦至春节期间开始抽花，3~5 月开花繁茂。5 月下旬以后天气变热，马蹄莲开始休眠，叶片逐渐枯黄，可减少浇水，促其休眠。待叶片全部枯黄后，取出块茎，放于通风阴凉处贮藏，待秋季栽植前将大小块茎分级，分别栽植，大球开花，小球养苗。也可以在开花后移入较凉爽通风的地方栽植，继续生长，秋季换盆或分株繁殖。

【园林应用】马蹄莲叶片翠绿，形状奇特，花朵苞片洁白硕大，宛如马蹄，是国内外重要的切花花卉；常用于插花，制作花圈、花篮、花束等；也常作盆栽观赏。（二维码 5-079）

11. 花毛茛 *Ranunculus asiaticus* **L.**（图 5-21）

【别名】芹叶牡丹、陆莲花、芹菜花等。

【科属】毛茛科，毛茛属。

【产地与分布】原产于亚洲西南部和欧洲东南部（地中海沿岸），法国、以色列等国家已广泛种植，世界各国均有栽培。

图 5-21 花毛茛

【识别要点】花毛茛识别要点见表 5-11，花毛茛形态特征如图 5-22 所示。

表 5-11 花毛茛识别要点

识别部位	识别要点
茎干	褐色圆柱形根状茎，茎单生或少有分支，具毛，株高 30~40cm
叶	基生叶 3 浅裂或深裂，裂片倒卵形，具柄；茎生叶呈羽状细裂，叶缘齿状，无柄。叶纸质，绿色
花	单顶花序，单生枝顶或数枚生于长梗上，呈聚散状，萼片绿色，较花瓣短且早落；栽培品种较多，有红色、黄色、橙色、粉色、白色、蓝色等多种颜色，并有重瓣和半重瓣品种，花径约 6cm，花期早春至初夏
果和种子	聚合瘦果椭圆形，内有种子多数

a) 茎干和叶　　　　　　　　　b) 花

图 5-22 花毛茛形态特征

【生态习性】花毛茛对光周期反应非常敏感，播种苗遇长日照条件，就会提前开花或生长停滞并开始形成块根。

花毛茛最适生长温度白天 15~20℃、夜间 7~8℃。生长过程对水分的需求很多，生长初期缺水将导致植株矮小，叶片小，将来分蘖少，根系不发达，开花少，花小，重瓣率低；生长中期缺水将严重影响开花，花茎小、花期短、色彩不艳，叶片也将黄化；生长后期缺水植株将会强迫休眠，块根质量差。但过多的水分也有烂根的危险。水分的供应必须均衡适量，过度的干旱或水渍均会严重影响生长。对土壤要求较高，以有机质丰富、团粒结构良好、能保持适量孔隙度的土壤为好，pH 为 6.5 左右。

【常见品种】花毛茛有盆栽种和切花种之分；有重瓣、半重瓣品种；花色丰富，有白色、黄色、红色、水红色、大红色、橙色、紫色和褐色等多种颜色；有土耳其花毛茛系、波斯花毛茛系、牡丹花毛茛系等。（二维码 5-080~5-084）

【繁殖方法】分球繁殖、种子繁殖及组织培养繁殖。

【栽培管理】在塑料大棚栽培条件下，棚内温度最高为 20℃，最低为 5℃。提高夜温有利于缩短生育期，适当降低夜温有利于株形紧凑。冬季尽量给予充分的光照。花毛茛较喜水，因此浇水要充足、及时、均衡。但过多的水分是有害的，一方面花毛茛是球根花卉，并不耐水涝；另一方面大棚内空气湿度较高，过多的水分会引起病害的流行。因此要避免浇水次数太多而每次都浇水不足的错误做法，应该每次浇透水，干后再浇水。两次浇水之间尽量保持植株和棚内空气的干燥，以达到控制株形、病害的目的。但干的程度应以盆土表面干燥，而叶片不明显萎蔫为宜。过度的干燥会造成根毛死亡，如果干后突然恢复浇水会造成叶片黄化，开花不良，块根裂口。现蕾初期花蕾长出叶丛，视情况喷 1 次 120~150mg/kg 的多效唑。现蕾有早晚时应分批喷，不可重复喷。开花时气温升高，光照增强，要注意通风降温并酌情遮阴，以延长花期。

【园林应用】花毛茛花大，色彩丰富，可栽植于林缘、草坪四周等，是花境的良好材料。（二维码 5-085~5-087）

12. 朱顶红 *Hippeastrum striatum* Herb.（图 5-23）

图 5-23　朱顶红

【别名】柱顶红、白子红、朱定兰、对角兰等。
【科属】石蒜科，朱顶红属。
【产地与分布】原产于巴西，分布于巴西及我国海南等地。
【识别要点】朱顶红识别要点见表5-12，朱顶红形态特征如图5-24所示。

表5-12 朱顶红识别要点

识别部位	识别要点
茎干	鳞茎肥大近球形，外皮黄褐色或浅绿色（因花色而异），径5~8cm
叶	宽带形，先端稍尖，生于鳞茎上，左右对称，5~8枚，略肉质，与花茎同时或花谢后抽出，绿色
花	伞形花序，花梗中空，自鳞茎顶端抽出，高出叶片，被白粉，顶端着花3~6枚，花喇叭形，与百合相似，有大红色、浅红色、橙红色、白色和具各种条纹者，花径最大22cm，花期2~6个月，具芳香味
果和种子	蒴果近球形，3瓣开裂，内有百粒扁平的种子，果期秋季。如果采种须人工授粉

a) 茎干和叶　　b) 花

图5-24 朱顶红形态特征

【生态习性】喜温暖，生长适温为18~25℃，冬季休眠时要求冷凉、干燥的环境，以10~12℃为宜，不能低于5℃。喜光，但光照不宜过强。喜湿但忌涝。要求排水良好、富含有机质的沙质壤土。

【常见品种】常见栽培的有：'红狮朱顶红''智慧女神''荧光'等，以白花黑紫条纹、纯白色与深红色者为贵。（二维码5-088~5-093）

【繁殖方法】常用播种、分球和扦插法繁殖。

【栽培管理】朱顶红在我国北方仅作温室盆栽观赏。盆栽基质以富含腐殖质的肥沃沙质壤土为宜。上盆时将球茎顶部露出土面，保护好根系，上盆后将其置于温暖处。如果温度不足可用红外灯加热。在栽培中，若茎、叶及鳞茎上有赤红色的病害斑点，宜在鳞茎休眠期用40~44℃温水浸泡1h预防。作促成或半促成栽培的种球，可用控水的方法控制种球的休眠期，常在8~9月停止浇水，9~10月将休眠种球再储藏。在17℃条件下，风干储藏4~5周，然后升温至23℃再储藏4周，此时可将种球上盆、浇水、催花，在花茎抽出15~20cm后置于光照充足处，直至开花。浇水以雨水为宜，慎用化肥，以有机肥较佳，叶面喷肥，两周1次，一般两年换盆1次。

【园林应用】朱顶红阔叶翠绿，花色炫目，可孤植也可群植，是著名的观赏花卉。因其花茎挺拔，花朵硕大，通常有数株丛植便可成景，但与一般春花类植物搭配较难协调，适合点缀花境小品，或与高大阔叶的观叶或观花植物配植，如苏铁等。（二维码5-094~5-096）

13. 长寿花 *Kalanchoe blossfeldiana* Poelln.（图 5-25）

图 5-25　长寿花

【别名】圣诞伽蓝菜、寿星花、矮生伽蓝菜。
【科属】景天科，伽蓝菜属。
【产地与分布】原仅分布于伊比利亚半岛，我国引种栽培供观赏，分布各地。
【识别要点】长寿花识别要点见表 5-13，长寿花形态特征如图 5-26 所示。

表 5-13　长寿花识别要点

识别部位	识别要点
茎干	茎直立，株形矮小，一般株高 10~30cm。分枝多，植株紧凑丰满
叶	对生，长圆状匙形，叶片肉质、肥厚。叶深绿色而有光泽，稍带红色
花	圆锥花序，花色有绯红色、桃红色、橙红色、黄色、橙黄色和白色，花期极长，可从 12 月开到第二年 4 月
果	一般不结果

a) 茎干和叶　　　　　　　　　　　b) 花

图 5-26　长寿花形态特征

【生态习性】长寿花为短日照花卉，对光周期反应比较敏感。生长发育完全的植株，短日照（每天光照8~9h）处理3~4周即可出现花蕾开花。喜温暖、稍湿润和阳光充足的环境。不耐寒，生长适温为15~25℃；夏季高温超过30℃，则生长受阻；冬季室内温度需为12~15℃，低于5℃，叶片发红，花期推迟。冬、春季开花期如果室温超过24℃，会抑制开花；如果温度在15℃左右，长寿花会开花不断。耐干旱，对土壤要求不严，以肥沃的沙壤土为好。

【常见品种】常见品种有'卡罗琳'，叶小，花为粉红色；'西莫内'，大花型，花为纯白色，9月开花；'米兰达'，大叶型，花为棕红色；'块金长寿花'系列，花有黄色、橙色、红色等；'内撒利'，花为橙红色；'阿朱诺'，花为深红色；四倍体的'武尔肯'，冬、春季开花，矮生品种。另外，还有'新加坡'、'肯尼亚山'、'知觉'和'科罗纳多'等流行品种。（二维码5-097~5-099）

【繁殖方法】主要采用扦插法和组织培养法繁殖。

【栽培管理】盆栽后，在稍湿润环境下生长较旺盛，节间不断生出浅红色气生根。过于干旱或温度偏低，生长缓慢，叶片发红，花期推迟。盛夏要控制浇水，注意通风，若高温多湿，叶片易腐烂、脱落。生长期每半月施肥1次。结合摘心，控制植株高度，促使多分枝，多开花。秋季形成花芽，应追施1~2次磷肥、钾肥。

长寿花穴盘苗上盆

【园林应用】长寿花植株小巧玲珑，株形紧凑，叶片翠绿，花朵密集，是冬、春季理想的室内盆栽花卉。花期正逢圣诞节、元旦和春节，布置窗台、书桌、案头，十分相宜。长寿花用于公共场所的花槽、橱窗和大厅等，整体观赏效果极佳。（二维码5-100、5-101）

二、室内观叶植物识别

1. 龟背竹 *Monstera deliciosa* Liebm.（图5-27）

图5-27　龟背竹

【别名】蓬莱蕉、电线草。

【科属】天南星科，龟背竹属。

【产地与分布】原产于墨西哥，各热带地区多引种栽培供观赏。我国福建、广东、广西和云南等地露地栽培，北京和湖北等地多栽于温室。

【识别要点】龟背竹识别要点见表5-14。

表5-14　龟背竹识别要点

识别部位	识别要点
茎干	茎长可达10m以上，上有褐色气生根，直径达1cm，长1~2m，先端入基质后常生分枝而吸附生长
叶	幼叶无孔，随着植株长大，叶主脉两侧出现椭圆形窗孔，周边羽状分裂，如龟甲图案。叶片椭圆形、革质，深绿色。叶硕大，长度可达60~90cm

(续)

识别部位	识别要点
花	肉穗花序雌雄同株,佛焰苞浅黄色,大如手掌,形如船状,单性小花密生于肉穗花序上,花序白色,先端紫色,长20~25cm,花期8~10月,北方栽培很少开花
果	浆果浅黄色,长椭圆形或球形

【生态习性】喜温暖湿润、荫蔽的环境,生长适温为20~30℃。需要较强光照,但忌阳光直射。宜疏松、肥沃、富含有机质的沙质壤土。稍耐盐碱。

【变种、品种及同属其他种】龟背竹常见栽培的有迷你龟背竹,叶片长仅8cm;石纹龟背竹,叶片浅绿色,叶面具黄绿色斑纹;'白斑龟背竹',叶片深绿色,叶面具乳白色斑纹;蔓状龟背竹,茎叶的蔓生性特别强。

常见同属观赏种有多孔龟背竹,叶片长卵形,深绿色,中肋至叶缘间有椭圆形窗孔,窗孔外缘至叶缘的间距稍宽;洞眼龟背竹,大型种,叶厚似树藤,叶片长70~80cm,深绿色;翼叶龟背竹,叶卵圆形,叶片长15~20cm,叶基钝圆,叶面深绿色,叶柄宽扁,具翅翼,长10~30cm。斑纹翼叶龟背竹,叶面深绿色,有乳白色的斑点或斑纹;斜叶龟背竹,叶长椭圆形,叶基钝歪;窗孔龟背竹,叶长卵形,叶基钝歪,窗孔数多,窗孔面积大。另外还有星点龟背竹和孔叶龟背竹。(二维码5-102~5-109)

【繁殖方法】扦插繁殖为主。

【栽培管理】盆土用腐叶土和壤土混合组成,生长期每半月施肥1次,经常喷水。忌干旱。当株高30cm以上时,应设支架或绳索绑扶,并用苔藓包裹气生根,促使植株生长旺盛。每1~2年换盆1次。

【园林应用】龟背竹株形优美,叶片形状奇特,叶深绿色且富有光泽,整株观赏效果较好。我国引种栽培较为广泛,美丽奇特多姿的龟背竹,是著名的室内盆栽观叶植物,惹人喜爱。另外,龟背竹有夜间吸收CO_2的功效,对改善室内空气质量、提高含氧量有很大帮助;具有优先吸附甲醛、苯等有害气体的特点,达到净化室内空气的效果,是一种理想的室内植物。(二维码5-110、图5-111)

2. 万年青 *Rohdea japonica* (Thunb.) **Roth** (图5-28)

图5-28 万年青

【别名】铁扁担、冬不凋等。

【科属】天门冬科,万年青属。

【产地与分布】原产于我国和日本,在我国分布较广。

【识别要点】万年青识别要点见表5-15。

表 5-15 万年青识别要点

识别部位	识别要点
茎干	根状茎较粗
叶	叶矩圆披针形，革质有光泽
花	穗状花序顶生，花被球状钟形，白绿色花，花期 6~8 月
果和种子	肉质浆果球形，红色至橘红色（少有黄色者），经冬不凋，果期 9~12 月，果内有种子 1 粒

【生态习性】喜温暖，较耐寒，冬季 0℃以下也可安全越冬。耐半阴，忌强光，冬季要求光照充足。喜湿润、通风，忌积水，夏季要经常浇水保持湿润。适宜排水良好、肥沃、微酸性的沙质土壤。每隔 15~20 天追 1 次肥。

【常见品种】'热带之雪''金边万年青''花叶万年青'。（二维码 5-112~5-116）

【繁殖方法】分株、扦插和播种繁殖均可。

【栽培管理】盆栽万年青，宜用富含腐殖质的沙壤土作培养土。土壤的 pH 为 6~6.5。每年 3~4 月或 10~11 月换盆 1 次。换盆时，要剔除衰老根茎和宿存枯叶，上盆后要放在遮阴处几天。夏季生长旺盛，需放置在荫蔽处，以免强光照射，否则易造成叶片干尖焦边，影响观赏效果。万年青为肉根系，最忌积水受涝，因此不能多浇水，否则易引起烂根。盆土平时浇适量水即可，要做到盆土不干不浇，宁可偏干，也不宜过湿。除夏季须保持盆土湿润外，春、秋季节浇水不宜过勤。夏季每天早、晚还应向花盆四周地面洒水，以营造湿润的小气候。生长期间，每隔 20 天左右施 1 次腐熟的液肥；初夏生长较旺盛，可 10 天左右追施 1 次液肥，追肥可加兑少量 0.5% 的硫酸铵，能促进植株更好生长，叶色深绿光亮。花期不能淋雨。冬季万年青需移入室内越冬，放在阳光充足、通风良好的地方，温度保持在 6~18℃，如果室温过高，易引起叶片徒长，消耗大量养分，以致第二年生长衰弱，影响正常的开花结果。万年青若冬季出现叶尖黄焦，甚至整株枯萎的现象，主要是根系吸收不到水分，影响生长而导致的。所以冬季也要保持空气湿润和盆土略潮湿，一般以每周浇 1~2 次水为宜。此外，每周还需用温水喷洗叶片 1 次，防止叶片受烟尘污染，以保持茎叶色调鲜绿，四季青翠。

【园林应用】主要为盆栽，室内观赏。（二维码 5-117~5-119）

3. 吊兰 *Chlorophytum comosum*（Thunb.）**Jacques**（图 5-29）

图 5-29 吊兰

【别名】挂兰、吊竹兰等。

【科属】天门冬科，吊兰属。

【产地与分布】原产于非洲南部，世界各地广泛栽培。

【识别要点】吊兰识别要点见表 5-16。

表 5-16　吊兰识别要点

识别部位	识别要点
茎干	常绿多年生草本，地下部有根茎，肉质而短，横走或斜生
叶	叶细长，线状披针形，叶片边缘金黄色，基部抱茎，鲜绿色。叶腋抽生匍匐枝，伸出株丛，弯曲向外，顶端着生带气生根的小植株
花	总状花序，花白色，花被片 6 枚，花期春、夏季
果和种子	蒴果，三棱状扁球形，种子秋季成熟，黑色

【生态习性】喜温暖的环境，宜在半阴处生长，喜湿润，喜疏松、肥沃的沙质壤土。

【常见品种】吊兰的种类繁多，形态各有不同，也各有特点，常见的有：

'紫吊兰'：茎干成节状，每节生叶，叶柄全部紫红色，叶片厚而有光泽，均向下垂，每年 6~10 月开花，粉红色花。

'花吊兰'：茎干成蔓性，枝叶下垂，叶片像桃形，叶的边缘有金色花纹，并通过叶脉中心，叶的背面为紫色并放出光亮。

'金边吊兰'：在绿色的叶片上有黄色的线条围绕叶的周围。

'银边吊兰'：绿色叶片上，有白色涂边，鲜艳夺目。（二维码 5-120~5-122）

吊兰上盆 - 选盆

吊兰上盆 - 垫排水孔

吊兰上盆 - 浇水

【繁殖方法】可采用扦插、分株、播种等方法进行繁殖。

【栽培管理】培养土可用 4 份腐叶土和 6 份园土混合后使用。长期放在通风的窗口或阳台上养护较为合适。夏季天气炎热，温度高，水分蒸发快，盆土易干，一般每天早、晚各浇 1 次透水；冬季在室内越冬，盆土宜偏干一些，只要在 2℃以上的室内就可安全越冬。春、秋生长季节每 20 天左右施 1 次 15%~25% 的腐熟有机肥，对于金心吊兰、金边吊兰，冬季每月也可施 1 次稀薄液肥。平时要注意及时清除枯叶、修剪花茎和保持茎叶姿态匀称。

【园林应用】吊兰可吸收室内家具释放出来的甲醛，复印机、打印机排放出来的苯，并可吞噬尼古丁、CO_2 等；可以装饰阳台、茶几、书橱等，是良好的室内观赏植物。（二维码 5-123~5-126）

4. 肾蕨 *Nephrolepis cordifolia* (L.) C.Presl（图 5-30）

图 5-30　肾蕨

【别名】蜈蚣草、篦子草等。

【科属】肾蕨科，肾蕨属。

【产地与分布】原产于热带和亚热带地区，我国华南各地山地林缘有野生。

【识别要点】肾蕨识别要点见表 5-17。

表 5-17　肾蕨识别要点

识别部位	识别要点
茎干	株高 20~80cm，根状茎短而直立，有簇生叶丛和铁丝状匍匐枝
叶	一回羽状复叶，簇生，羽片 40~80 对，长约 3cm，复叶长 30~100cm，宽 3~6cm，黄绿色，披散弯垂，小叶边缘波状，浅顿齿，尖而扭曲，成熟叶片草质光滑
花	属孢子植物，终生不开花，靠孢子繁殖
果和种子	孢子囊呈肾状，生于小叶片各级的上侧小脉顶端。孢子变黑即已成熟，可采集播种

【生态习性】喜温暖，生长最适宜的温度为 20~22℃，能耐 -2℃ 的低温。但温室栽培，冬季温度应不低于 8℃。盛夏要避免阳光直射。喜潮湿环境，雨后积水容易烂根导致叶片枯黄脱落。土壤要求排水良好、富含钙质的沙质壤土。

【常见品种】全世界蕨类植物约有 1.2 万种，常见栽培的有：'马歇尔肾蕨''苏格兰肾蕨''波士顿肾蕨'等。（二维码 5-127~5-131）

【繁殖方法】常用分株与播种法繁殖。

【栽培管理】栽培肾蕨不难，但需保持较高的空气湿度，夏季高温，每天早晚需喷雾数次，并适当注意通风。盛夏要避免阳光直射，但浇水不宜太多，否则叶片易枯黄脱落。生长期每半个月施 1 次稀释腐熟饼肥水。盆栽作悬挂栽培时，容易干燥，应增加喷雾次数，否则羽片会发生卷边、焦枯现象。修剪鲜叶的时间最好在清晨或傍晚。

【园林应用】肾蕨对 SO_2 抗性和吸收能力较强，对 Cl_2、HCl 等有毒气体及烟尘抗性较强，可用于工厂、矿区的绿化。肾蕨可作为庭荫树、行道树、"四旁"绿化树及风景树等，几个优良变种更可植于庭院前、路旁及草坪边缘，具有较高的观赏价值。盆栽可点缀书桌、茶几、窗台和阳台，也可吊盆悬挂于客室和书房。其叶片可做切花、插瓶的陪衬材料。（二维码 5-132~5-135）

5. 印度榕 *Ficus elastica* **Roxb.et Hornem.**（图 5-31）

图 5-31　印度榕

【别名】橡皮树、印度橡胶树。

【科属】桑科，榕属。

【产地与分布】原产于不丹、尼泊尔、印度（东北部）、缅甸、马来西亚（北部）、印度尼西亚。我国云南有野生。

【识别要点】印度榕识别要点见表 5-18。

表 5-18　印度榕识别要点

识别部位	识别要点
茎干	株高可达 25cm，主干粗壮，树皮平滑，树冠开展，分枝力强，茎干上生有许多气生根，皮层中有胶状乳汁

(续)

识别部位	识别要点
叶	单叶互生,叶长椭圆形,先端渐尖,长10~30cm,肥厚、革质,叶面深绿色,多光泽,也有红叶和金边者,全缘,披散下垂
花	隐头花序,花细小,集中生于球形中空的花托,似无花果,花期7~8月
果和种子	聚花果,长椭圆形,成对腋生,成熟后黄色,果期9~10月。种子极小,在我国大多数地区不易开花结果

【生态习性】喜温暖,不耐寒,冬季温度低于5℃时易受冻害,适温为20~25℃。喜光,也能耐阴。喜湿润环境。要求肥沃土壤。

【品种及同属其他种】同属植物有1000多种,我国约有120种,主要有:'斑叶橡皮树'、'金边橡皮树'、'比利时橡皮树'、'红叶橡皮树'、垂枝榕等。(二维码5-136~5-140)

空中压条繁殖

【繁殖方法】常用扦插和高空压条法繁殖。

【栽培管理】印度榕多为温室盆栽。盆栽幼苗,应放在半阴处。小苗需每年春季换盆,成年植株可每2~3年换盆1次,生长期每2周施1次腐熟的饼肥水。盛夏除需每天浇水外,还需喷水数次。秋、冬季应减少浇水。秋末要搬入温室或室内,以防冻害。

【园林应用】南方常配植于建筑物前或庭院、公园等,北方多盆栽装饰宾馆、餐厅、会议室等公共场所或家庭居室。叶片常作为插花作品的配叶。(二维码5-141~5-143)

6. 富贵竹 *Dracaena sanderiana* **Mast.**(图5-32)

图5-32 富贵竹

【别名】开运竹、先对龙血树、百合竹等。
【科属】天门冬科,龙血树属。
【产地与分布】原产于加那利群岛及非洲和亚洲的热带地区。20世纪80年代后期大量引入我国。
【识别要点】富贵竹识别要点见表5-19。

表5-19 富贵竹识别要点

识别部位	识别要点
茎干	茎干黄绿色,形状似竹竿。株形直立生长,分枝较少,地下无根茎。盆栽株高约30cm
叶	单叶互生,长披针形,长10~20cm,宽2~3cm,叶柄鞘状。旋叠状排列,下部有明显环状叶痕,颇似竹节。叶面的斑纹色彩因不同品种而异
花	聚伞花序,花小
果	浆果,球形

【生态习性】喜高温，适宜生长温度为20~28℃，可耐2~3℃低温，但冬季要防霜冻，夏季高温多湿是生长的最佳时期。喜阴，避免强光曝晒。喜湿、耐涝。耐肥力强。

【品种及同属其他种】同属约150种，我国有5种，常见的有：'金边富贵竹'、银边富贵竹等。（二维码5-144~5-147）

【繁殖方法】主要通过扦插法进行繁殖。

【栽培管理】富贵竹盆栽可用腐叶土、园土和河沙混合土或用椰糠、腐叶土和煤渣灰加少量鸡粪、豆饼、复合肥混合种植，也可用优质塘泥作培养土。每盆栽3~6株扦插成活的植株或6~12株带顶芽的植株。生长季节应常保持盆土湿润，切勿让盆土干白；盛夏季节要常喷雾降温，避免叶尖、叶片干枯；冬季要做好防寒防冻工作，以免叶片泛黄早衰。每20~25天施1次氮、磷、钾复合肥，均匀施在花盆四周。盆栽富贵竹每1~2年换盆1次，剔除老根旧泥，填入新培养土，促使新苗早发。

【园林应用】富贵竹主要作为盆栽观赏植物，而且具有较高的观赏价值。（二维码5-148~5-152）

7. 发财树 *Pachira aquatica* Aubl.（图5-33）

图5-33 发财树

【别名】瓜栗、马拉巴栗等。

【科属】锦葵科，瓜栗属。

【产地与分布】原产于巴西，在我国华南及西南地区广泛引种栽培。

【识别要点】发财树识别要点见表5-20。

表5-20 发财树识别要点

识别部位	识别要点
茎干	茎干灰褐色，自然生长的植株高度可达10m以上；作为盆栽经加工后的株形比较奇特，往往1~10株合栽为1盆，互相缠绕，或编成辫子状；茎基部圆而肥大，上端渐细
叶	掌状复叶，小叶5~9枚，近无柄，长圆形至倒卵圆形，叶长9~20cm、宽2~7cm，全缘，深绿色。基部楔形，车轮般辐射平展

(续)

识别部位	识别要点
花	单顶花序粉红色或红色，生于叶腋，花瓣 5 枚，花筒里面浅黄色，花瓣披针形，长 20~25cm，花期 5~6 月
果和种子	坚果长 10~20cm，椭圆形似瓜；种子似栗，褐红色皮，每粒果实含种子 10~30 粒。种子取出后不宜久置和晾晒，须立即沙藏。果期 9~10 月

【生态习性】冬季温度低于 16℃时叶片变黄脱落；10℃以下容易死亡。发财树为强阳性植物。但该植物耐阴能力也较强，可以在室内光照较弱的地方连续观赏 2~4 周。生长时期喜较高的空气温度，可以时常向叶面少量喷水。在高温生长期要提供充足的水分，但耐旱力较强，数日不浇水植株也可不受害，但忌盆内积水，冬季减少浇水。在疏松、肥沃、排水性好的土壤中生长最好。

【繁殖方法】播种和扦插繁殖。

【栽培管理】盆栽的发财树 1~2 年就应换 1 次盆，于春季进行，并对黄叶及细弱枝等作必要修剪，促其萌发新梢。浇水要遵循见干见湿的原则，春、秋季一般 1 天浇 1 次，气温超过 35℃时，1 天至少浇 2 次，生长季每月施 2 次肥，对长出的新叶，还要注意喷水，以保持较高的空气湿度；6~9 月要进行遮阴，保持 60%~70% 的透光率或放置在有明亮散射光处。冬季 5~7 天浇水 1 次，并要保证给予较充足的光照。另外，在生长季，如果通风不良，容易发生红蜘蛛和介壳虫为害，应注意观察。发现虫害要及时捕除或喷药。

【园林应用】发财树是优良的室内盆栽观叶植物。（二维码 5-153~5-156）

8. 袖珍椰子 *Chamaedorea elegans* Mart.（图 5-34）

图 5-34　袖珍椰子

【别名】矮棕、矮生椰子等。
【科属】棕榈科，竹节椰属。
【产地与分布】原产于墨西哥北部和危地马拉，主要分布在中美洲热带地区。
【识别要点】袖珍椰子识别要点见表 5-21。

表 5-21　袖珍椰子识别要点

识别部位	识别要点
茎干	茎干细长直立，不分枝，深绿色。植株娇小玲珑，盆栽高度不超 1m
叶	绿色带状小叶 20~40 枚，先端尖，在长长的叶柄上组成羽状复叶，飘逸下垂，分外潇洒
花	穗状花序腋生，直立，雌雄异株，雄花直立，雌花稍下垂，花黄色，呈小球状。花期 3~4 月
果和种子	浆果橙红色，卵圆形，直径为 6mm，获取种子须人工授粉，果期 8~9 月

【生态习性】喜高温，生长适温为 20~30℃，13℃进入休眠状态，越冬温度为 10℃。喜半阴环境，忌阳光直射。喜高湿环境。浇水以宁干勿湿为原则。以排水良好、湿润、肥沃的壤土为佳，盆栽时一般可用 1 份腐叶土、3 份泥炭土加 1/4 河沙和少量基肥配制作为基质。它对肥料要求不严，一般生长季每月施 1~2 次液肥，秋末及冬季稍施肥或不施肥。

【繁殖方法】通常采用播种法和分株法进行繁殖。

【栽培管理】盆土要经常保持湿润，冬季适当减少浇水量，以防温度低而出现冻伤、烂根等现象。炎热的夏季，每天叶面喷水 2~3 次，以提高湿度。缺肥时，易造成叶层浅黄，降低观赏效果。长期在光照不足的室内摆放，叶色会褪浅，叶片光泽度变差，隔 2 个月应搬到明亮处养护一段时间，再移入室内。每隔 2~3 年翻盆换土 1 次。

【园林应用】袖珍椰子适合摆放在室内或新装修好的居室中，起到净化空气的作用。（二维码 5-157~5-160）

9. 变叶木 *Codiaeum variegatum*（L.）Blume（图 5-35）

图 5-35　变叶木

【别名】洒金榕。

【科属】大戟科，变叶木属。

【产地与分布】原产于亚洲马来半岛至大洋洲；广泛栽培于热带地区。我国南方各省区常见栽培。

【识别要点】变叶木识别要点见表 5-22。

表 5-22　变叶木识别要点

识别部位	识别要点
茎干	茎高 50~250cm，光滑无毛，直立、多分枝，枝叶含白色乳液
叶	单叶互生，叶形多变，卵形至线形、螺旋状等，有微皱、扭曲，全缘或全裂；颜色多变，绿色中杂以黄色、红色或白色、紫色的斑点、斑块、条纹
花	总状花序生于枝端或叶腋。花小，不显著，单性同株，雄花花瓣白色，簇生在苞片下面；雌花无花瓣，单生于花序轴上，花期 5~6 月
果和种子	蒴果球形，白色，获取种子需人工授粉，7~8 月种子成熟

【生态习性】喜温暖，不耐寒。冬季室温以不低于 10℃为好，如果室温在 6℃以下，极易使变叶木发生冻害。另外，应尽量避免温度剧变，夏季放置在通风良好处，保持恒定的温度，对变叶木的生长非常有利。喜充足的光照，但应避免阳光直射，光照柔和可使其叶色更富魅力。喜湿润，忌

干旱。要求富含腐殖质、疏松肥沃、排水良好的沙质壤土。

【变种、变型及品种】主要品种有：

长叶变叶木：叶片长披形。其品种有'黑皇后'，深绿色叶片上有褐色斑纹；'绯红'，绿色叶片上具有鲜红色斑纹；'白云'，深绿色叶片上具有乳白色斑纹。

复叶变叶木：叶片细长，前端有1条主脉，主脉先端有匙状小叶。其品种有'飞燕'，小叶披针形，深绿色；'鸳鸯'，小叶红色或绿色，散生不规则的金黄色斑点。

角叶变叶木：叶片细长，有规则的旋卷，先端有一翘起的小角。其品种有'百合叶变叶木'，叶片螺旋3~4回，叶缘波状，深绿色，中脉及叶缘黄色；'罗汉叶变木'，叶狭窄而密集，叶片螺旋2~3回。

螺旋叶变叶木：叶片波浪起伏，呈不规则的扭曲与旋卷。其品种有'织女绫'，叶阔披针形，叶缘波状旋卷，叶脉黄色，叶缘有时黄色，常嵌有彩色斑纹。

戟叶变叶木：叶宽大，3裂，似戟形。其品种有'鸿爪'，叶3裂，如鸟足，中裂片最长，绿色，中脉浅白色，背面浅绿色；'晚霞'，叶3裂，深绿色或黄色带红色，中脉和侧脉金黄色。

阔叶变叶木：叶卵形。其品种有'金皇后'，叶阔倒卵形，绿色，密布金黄色小斑点或全叶金黄色；'鹰羽'，叶3裂，深绿色，叶主脉带白色。

细叶变叶木：叶带状。其品种有'柳叶'，叶狭披针形，深绿色，中脉黄色较宽，有时疏生小黄色斑点；'虎尾'，叶细长，深绿色，有明显的散生黄色斑点。（二维码5-161~5-166）

【繁殖方法】常用播种、扦插和压条等方法进行繁殖。

【栽培管理】幼苗每3周施1次肥，老株最好每周施1次。夏季生长旺盛时可多施氮肥，冬季不施肥。每两年翻盆换土1次，花盆采用排水良好的泥瓦盆。干燥的环境易使变叶木叶片脱落，影响美观。另外，通风不良常会导致介壳虫、红蜘蛛、白粉虱等为害茎及叶背，可喷40%的氧化乐果乳油1000~1200倍液防治。如果发生煤污病，可喷25%的多菌灵600倍液防治。

【园林应用】变叶木枝叶密生，是著名的观叶树种，华南地区可用于园林造景，多用于公园、绿地和庭园美化。变叶木适于路旁、墙隅、石间丛植，也可植为绿篱或基础种植材料。北方地区常见盆栽，用于点缀案头、布置会场、厅堂。（二维码5-167~5-169）

10. 散尾葵 *Chrysalidocarpus lutescens* H.Wendl.（图5-36）

图5-36　散尾葵

【别名】黄椰子、凤尾竹等。
【科属】棕榈科，金果椰属。
【产地与分布】原产于非洲马达加斯加岛，现引种于我国南方各省。
【识别要点】散尾葵识别要点见表 5-23。

表 5-23　散尾葵识别要点

识别部位	识别要点
茎干	茎干光滑，金黄色，环节明显，似竹竿，无毛刺，基部分蘖较多，呈丛状生长。盆栽株高 1.5~2.5m
叶	羽状复叶，亮绿色，羽片 40~50 对，近对生，线形，长 30~60cm，宽 2~2.5cm，叶柄金黄色，细长可达 2m，稍弯曲
花	穗状花序，金黄色小花，成串穗长 40cm，腋生，花期 3~4 月
果和种子	浆果倒圆锥形，成熟时紫红色，种子 1 粒，长 1.2~1.5cm，很难获取成熟种子

【生态习性】散尾葵喜温暖的环境，不耐寒，越冬最低温要在 10℃以上。喜半阴且通风良好的环境，忌烈日。喜湿润。适宜生长在疏松、排水良好、富含腐殖质的土壤中。
【繁殖方法】可用播种法和分株法繁殖。
【栽培管理】盆栽散尾葵可用 1 份腐叶土、3 份泥炭土加 1/3 的河沙或珍珠岩及基肥配成培养土。5~10 月，每 1~2 周施 1 次液肥。散尾葵喜半阴环境，春、夏、秋 3 季应遮去 50% 左右的阳光。冬季温室栽培可不遮光。散尾葵喜高温、潮湿的环境，极不耐寒。冬季夜间温度应在 10℃以上，白天 25℃左右较好。若长时间低于 5℃，植株必受冻害。在生长季节，需经常保持盆土湿润和植株周围较高的空气温度。冬季应保持叶面清洁，可经常向叶面少量喷水或擦洗叶面。冬季植株进入休眠或半休眠期，要把瘦弱、病虫、枯死、过密等枝条疏除。
【园林应用】散尾葵株形秀美，在华南地区多作庭园栽植，极耐阴，可栽于建筑物阴面。北方多盆栽，布置客厅、书房、卧室、会议室、阳台等，也可切叶作为插花素材。国际市场较为盛行，近几年来也深受国内花卉爱好者的喜爱，散尾葵已成为室内观赏的主要花卉之一。（二维码 5-170~5-172）

11. 绿萝 *Epipremnum aureum*（Linden et André）**Bunting**（图 5-37）

图 5-37　绿萝

【别名】黄金葛。
【科属】天南星科，麒麟叶属。
【产地与分布】原产于印度尼西亚、所罗门群岛，现各地区均有栽培。
【识别要点】绿萝识别要点见表 5-24。

表 5-24 绿萝识别要点

识别部位	识别要点
茎干	多年生常绿草质藤本，茎直径 1cm 以上，具有气生根
叶	叶卵状心形，长 15cm 以上，绿色有光泽，并镶嵌若干黄色斑块

【生态习性】喜高温、潮湿环境，耐阴，生长适温为 20~30℃，冬季在 10℃左右可安全越冬，最低能耐 5℃低温。喜肥沃、疏松、排水良好的微酸性土壤。

【常见品种】常见栽培品种有'金葛''银葛''三色葛'等。（二维码 5-173~5-179）

【繁殖方法】以扦插繁殖为主。

【栽培管理】吊盆栽培或桩柱式盆栽。生长期每半月施肥 1 次，经常浇水，每天向叶面喷雾 1 次。冬季减少浇水并停止施肥。每年春季换盆 1 次。夏季避免阳光直射，冬季保持温度在 10℃以上并置于光照充足处。5~7 月可适当修剪。桩柱式栽培，可用保湿材料包扎桩柱，每盆 4~6 株苗。紧贴桩柱定植，栽后经常淋湿桩柱。

【园林应用】绿萝具有很高的观赏价值，人们常将其做成绿萝柱、壁挂、悬吊、水插和装饰石山等。通常都是盆栽养殖在室内，摆在书房、客厅、办公室等，是非常优良的室内装饰植物之一。（二维码 5-180~5-182）

12. 竹芋 *Maranta arundinacea* **L.**（图 5-38）

图 5-38 竹芋

【别名】麦伦托。
【科属】竹芋科，竹芋属。
【产地与分布】原产于美洲热带地区，广泛栽植于各热带地区。我国南方常见栽培。
【识别要点】竹芋识别要点见表 5-25。

表 5-25 竹芋识别要点

识别部位	识别要点
茎干	常绿宿根草本，块状根茎粗大肉质、白色。地上茎细而多分枝，株高 60~180cm，丛生
叶	叶基生或茎生，具长柄，基部鞘状，卵状矩圆形至卵状披针形，先端尖，长 15~30cm，宽 10~12cm，表面有光泽，绿色或带青色，叶背色浅
花	总状花序顶生，长 10cm，白色花，花径 1~2cm

【生态习性】竹芋喜温暖湿润和半阴环境，不耐寒，忌干燥，忌强光曝晒。对水分的反应十分

敏感。喜弱光或半阴环境下生长，在强光下曝晒叶片容易灼伤。土壤以肥沃、疏松和排水良好的腐叶土最宜。

【变种及同属其他种】变种有斑叶竹芋，其他种有二色竹芋、白脉竹芋等。（二维码 5-183~5-189）

【繁殖方法】主要采用分株繁殖和扦插繁殖。

【栽培管理】盆土以腐叶土、泥炭土和河沙的混合土壤为宜，生长期应经常追肥、喷水，冬季盆土宜适当干燥，过湿则基部叶片易变黄而枯焦。夏季宜置于半阴处。其他季节都应放于温室光照较充足处。

竹芋换盆-常用材料

竹芋换盆-脱盆

竹芋换盆-根系处理

竹芋换盆-上盆

【园林应用】竹芋是优良的室内观叶植物，可用来布置卧室、客厅、办公室等场所。（二维码 5-190、5-191）

13. 蜘蛛抱蛋 *Aspidistra elatior* Blume（图 5-39）

图 5-39　蜘蛛抱蛋

【别名】一叶兰。

【科属】天门冬科，蜘蛛抱蛋属。

【产地与分布】原产于我国南方各省区，现我国各地均有栽培。

【识别要点】蜘蛛抱蛋识别要点见表 5-26。

表 5-26　蜘蛛抱蛋识别要点

识别部位	识别要点
茎干	多年生常绿草本，根状茎粗壮横生
叶	叶单生，有长柄，坚硬，挺直，披针形，长 22~46cm，宽约 10cm，基部楔形，边缘波状，深绿色而有光泽
花	花葶自根茎抽出，紧贴于地面。花基部有 2 枚苞片，花被钟状，外面紫色，内面深紫色，花径约 2.5cm

【生态习性】喜温暖湿润，忌干燥和阳光直射。要求疏松、排水良好的土壤。适应性强，较耐寒，-9℃下可安全越冬。较耐阴。

【常见品种】主要园艺品种有'白纹'蜘蛛抱蛋'洒金蜘蛛抱蛋'等。（二维码 5-192~5-195）

【繁殖方法】分株繁殖。

【栽培管理】生长期必须充分浇水。夏季置于室外荫棚下，每2周追液肥1次，冬季移入低温温室，栽培管理简单。

【园林应用】蜘蛛抱蛋是室内绿化装饰的优良观叶植物，适于家庭及办公室布置摆放，可单独观赏；也可以与其他观花植物配合布置，还是现代插花的配叶材料。（二维码5-196~5-201）

14. 朱蕉 *Cordyline fruticosa* (L.) A.Chev.（图5-40）

图5-40 朱蕉

【别名】铁树、红叶铁树。

【科属】天门冬科，朱蕉属。

【产地与分布】原产于东亚热带地区及南太平洋诸岛屿。

【识别要点】朱蕉识别要点见表5-27。

表5-27 朱蕉识别要点

识别部位	识别要点
茎干	常绿灌木，株高达3m。根白色，根茎呈块状匍匐，地上茎直立不分枝，细长，丛生
叶	叶柄长，具深沟。叶片革质，剑状，聚生茎端，铜绿色带棕红色
花	圆锥花序，花小，白色带红色或带黄色
果	浆果红色，球形

【生态习性】喜高温多湿的环境，冬季温度不低于10℃。光照充足条件下可在水中生长，夏季宜遮阴栽培，以肥沃、排水良好的土壤为宜。

【常见品种】主要栽培品种有'三色旗朱蕉'：叶片具乳黄色、浅绿色条斑，叶缘具红色、粉红色条斑，喜散射光充足，耐阴；'亮叶朱蕉'：叶阔针形，鲜红色，叶缘深红色；'斜纹朱蕉'：叶宽阔，深绿色，有浅红色或黄色条斑；'锦朱蕉'：叶亮绿色，具粉红色条斑，叶缘米色；'夏威夷小朱蕉'：叶披针形，深铜绿色，叶缘红色；'卡莱普索皇后'：叶小，深褐红色，中心浅紫色；'娃娃'：矮生种，叶椭圆形，呈丛生状，深红色，叶缘红色；'五彩朱蕉'：叶椭圆形，绿色，具不规则红色斑，叶缘红色；'夏威夷之旗'：叶绿色，具粉红和深红斑纹；'织锦朱蕉'：叶阔披针形，深绿色带白色纵条纹；'彩红朱蕉'：叶宽披针形，具黄白色斜条纹，叶缘红色；'黑叶朱蕉'：叶披针形，褐铜色，接近黑色。（二维码5-202~5-214）

【繁殖方法】以播种和扦插繁殖为主。

【栽培管理】盆栽培养土一般由腐叶土、泥炭土、河沙混合配制而成。生长季注意经常浇水，每半月施薄肥1次。春季旺盛生长前换盆，同时进行修剪和扦插。夏季遮光50%，保持土壤和空气湿润；冬季温度不低于10℃。

【园林应用】朱蕉株形美观，色彩华丽高雅，盆栽适用于室内装饰。盆栽幼株，点缀客室和窗台，优雅别致。成片摆放会场、公共场所、厅室出入处，端庄整齐，清新悦目。数盆摆设橱窗、茶室，更显典雅豪华。栽培品种很多，叶形也有较大的变化，是布置室内场所的常用植物。
（二维码 5-215~5-220）

15. 虎尾兰 *Sansevieria trifasciata* Prain（图 5-41）

图 5-41　虎尾兰

【别名】虎皮兰、千岁兰、虎尾掌、锦兰。
【科属】天门冬科，虎尾兰属。
【产地与分布】原产于非洲西部和亚洲南部，分布于非洲热带地区和印度。我国各地有栽培。
【识别要点】虎尾兰识别要点见表 5-28。

表 5-28　虎尾兰识别要点

识别部位	识别要点
茎干	多年生草本观叶植物，地下茎无枝
叶	叶簇生，线状披针形，硬革质，直立，全缘，表面有乳白色、浅黄色、深绿色相间的横带斑纹
花	总状花序，花白色至浅绿色，有一股甜美淡雅的香味

【生态习性】虎尾兰适应性强、耐旱、耐湿、耐阴，能适应各种恶劣的环境，适合庭园美化或盆栽，为高级的室内花材植物。对土壤要求不严，以排水性较好的沙质壤土较好。其生长适温为 20~30℃，越冬温度为 10℃。

【变种、品种及同属其他种】常见的栽培品种有：'金边虎尾兰'，别名'黄边虎尾兰'，叶缘具有黄色带状细条纹，中部浅绿色，有暗绿色横向条纹；'银脉虎尾兰'，表面具纵向银白色条纹；'短叶虎尾兰'，植株低矮，株高不超过20cm，叶片由中央向外回旋而生，彼此重叠，形成鸟巢状；金边短叶虎尾兰别名黄短叶虎尾兰，为短叶虎尾兰的变种，除叶缘黄色带较宽、约占叶片一半外，其他特征与短叶虎尾兰相似；石笔虎尾兰为同属常见种，叶圆筒形，上下粗细基本一样，叶端尖细，叶面有纵向浅凹沟纹，叶基部左右瓦相重叠，叶升位于同一平面，呈扇骨状伸展；葱叶虎尾兰，也称为柱叶虎尾兰，叶呈圆筒形，整叶上下粗细基本一致，端稍尖细，叶面有纵向的浅凹沟状，每叶

独立生长。（二维码 5-221~5-230）

【繁殖方法】通常用叶插和分株繁殖。

【栽培管理】虎尾兰适应性强，管理简单，苗期浇水不宜过多，否则容易导致根茎腐烂。夏季应置于荫棚下栽培，避免强光照射，否则叶片暴晒后会出现斑点，叶色会变暗发白。春季至秋季生长旺盛，应充分浇水，并适当追施稀薄液肥。冬季需控制浇水，盆土宁干勿湿，浇水要避免浇入叶簇内，同时停止追肥。冬季温度不能长时间低于10℃，否则植株基部会发生腐烂，造成整株死亡。换盆多在春季进行，一般每3~4年换盆1次即可。栽培基质选用疏松透气的沙土或腐殖土即可。换盆的原则是当叶簇挤满花盆时才需换盆。由于虎尾兰的叶片直立向上生长，不需占用很大的空间，盆栽虎尾兰的叶簇生长得越稠密，观赏价值越高。

【园林应用】虎尾兰叶片坚挺直立，叶面有灰白色和深绿色相间的虎尾状横带斑纹，姿态刚毅，奇特有趣；而且它的品种较多，株形和叶色变化较大，精美别致。虎尾兰对环境的适应能力强，栽培利用广泛，是常见的室内盆栽观叶植物，是超强的空气净化器，适合布置装饰书房、客厅、办公场所，观赏时期较长。（二维码 5-231~5-233）

附录
本书彩图二维码

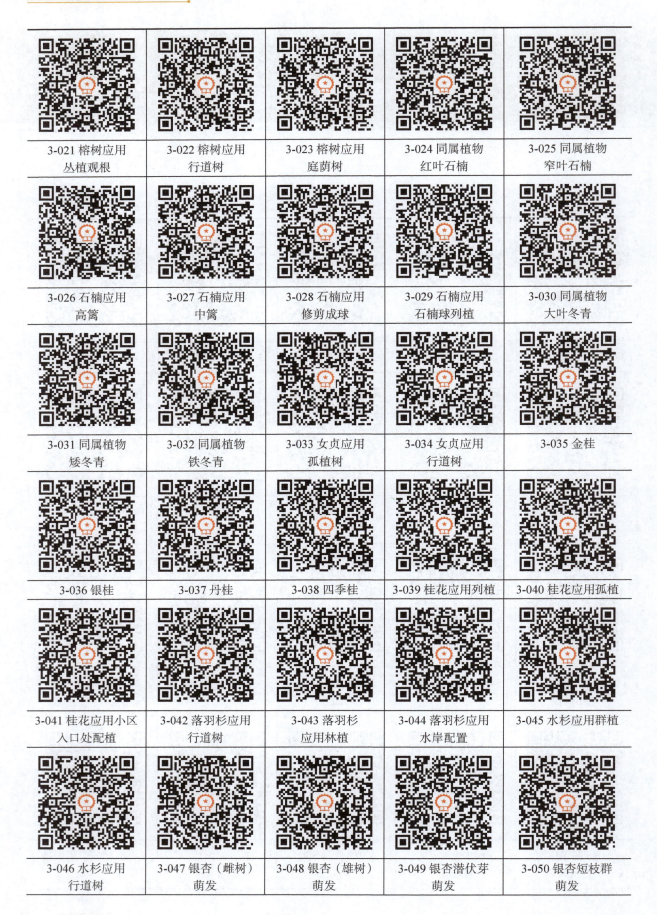

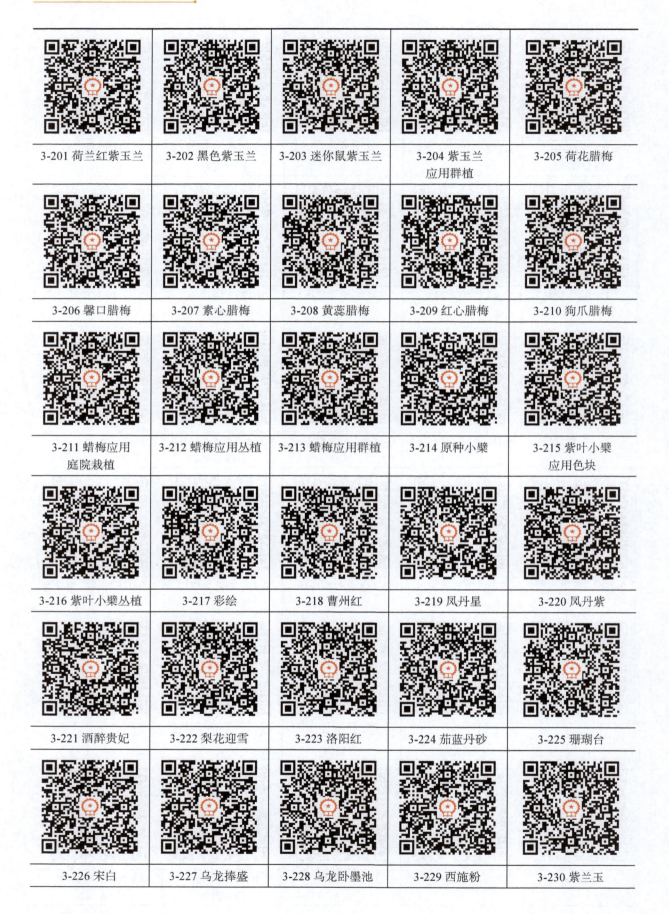

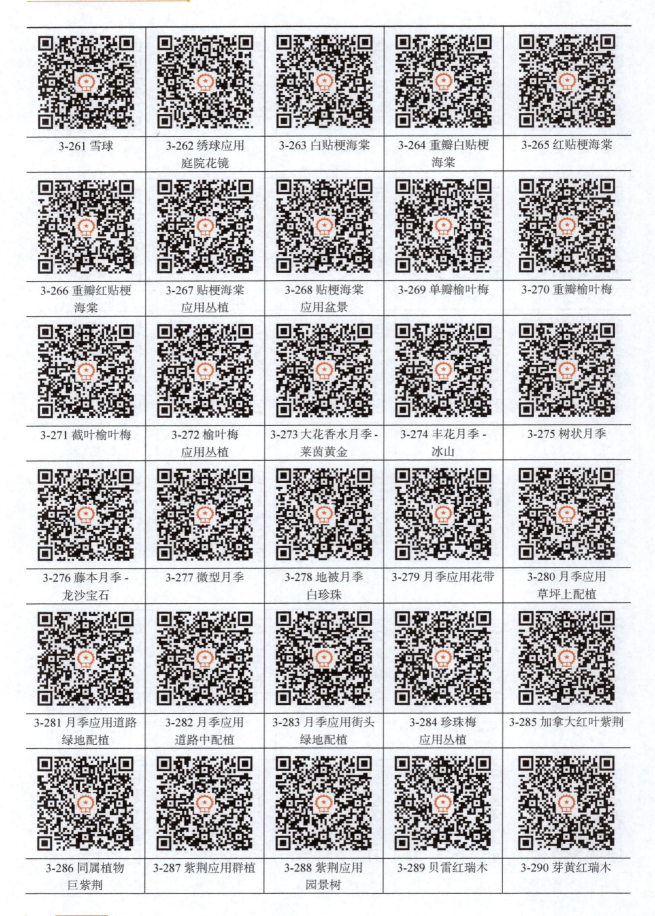

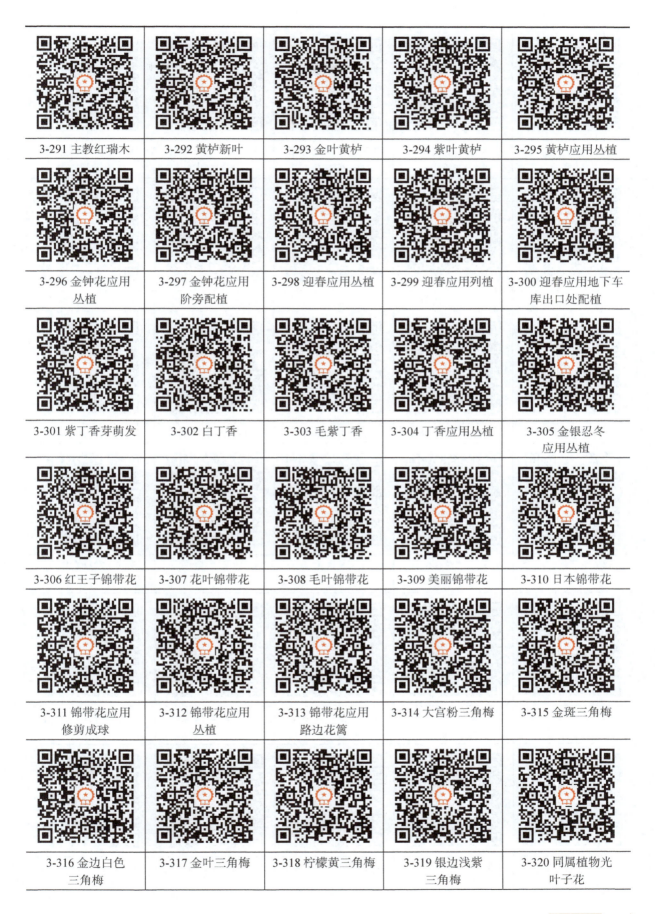

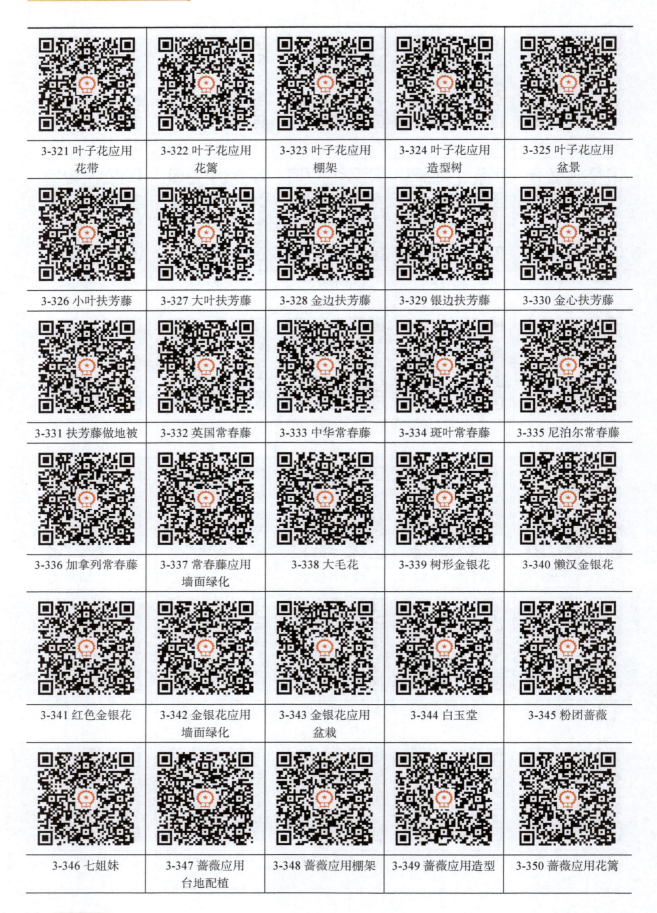

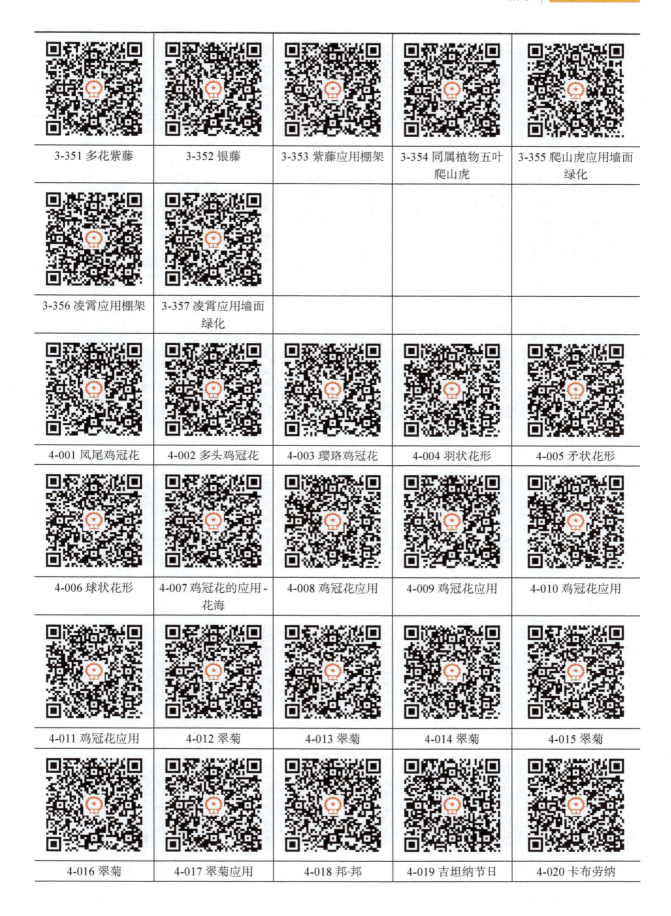

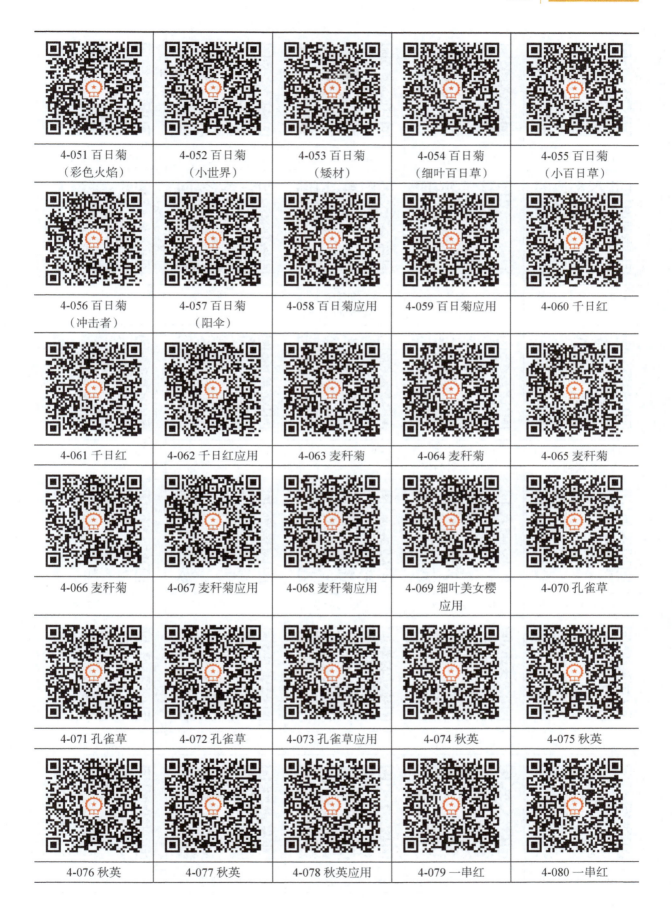

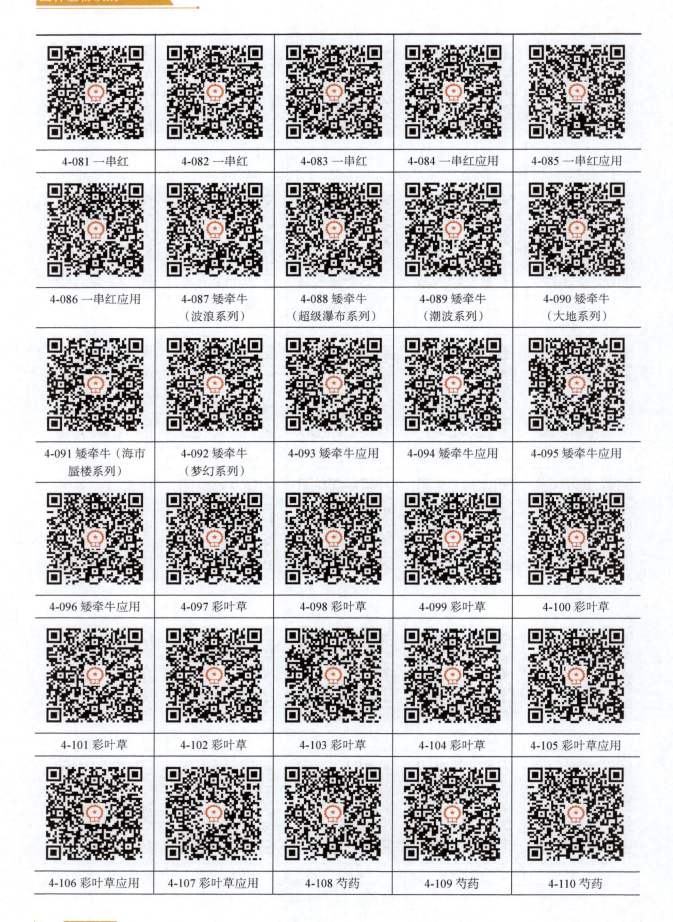

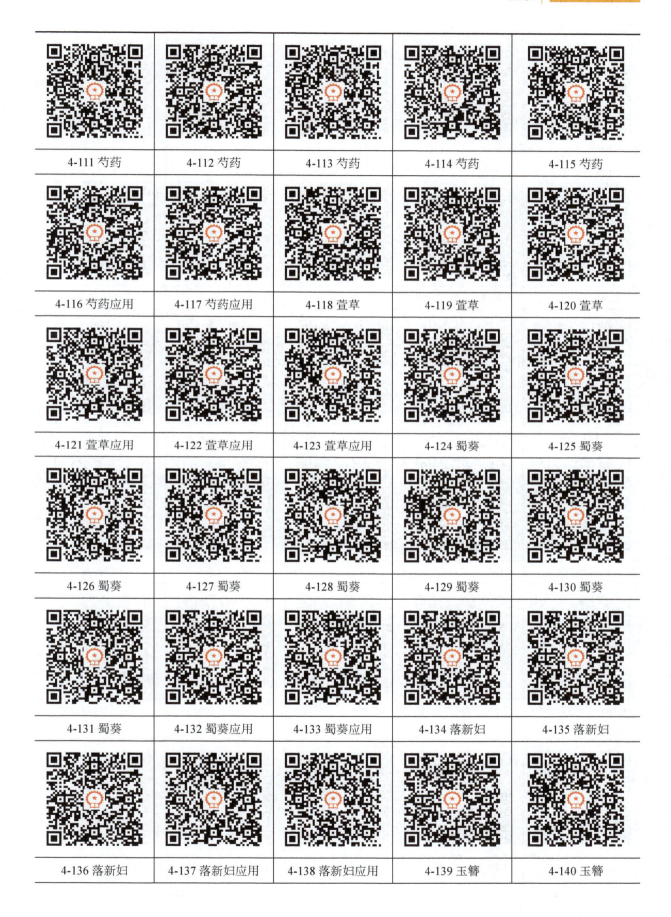

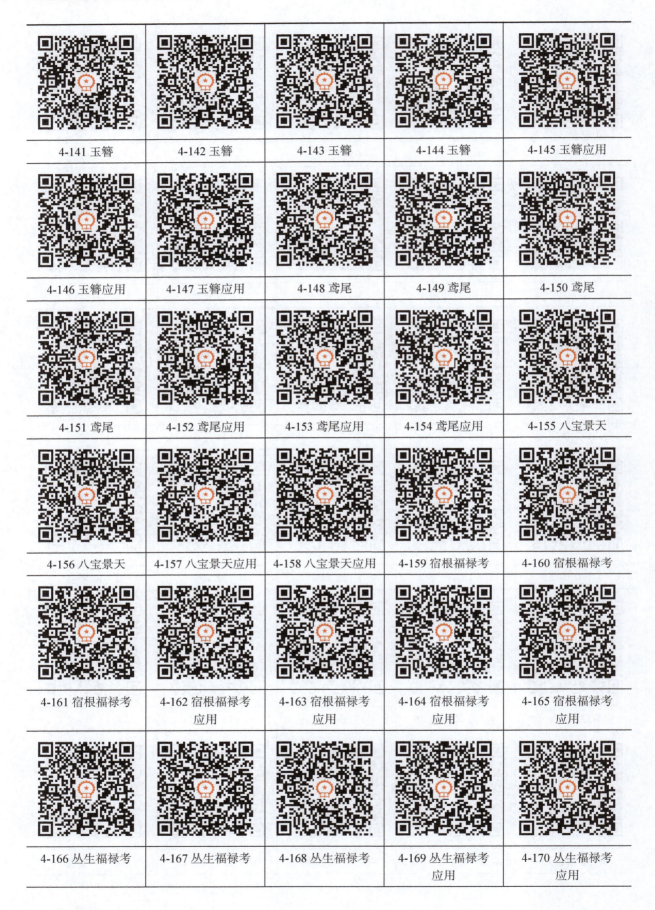

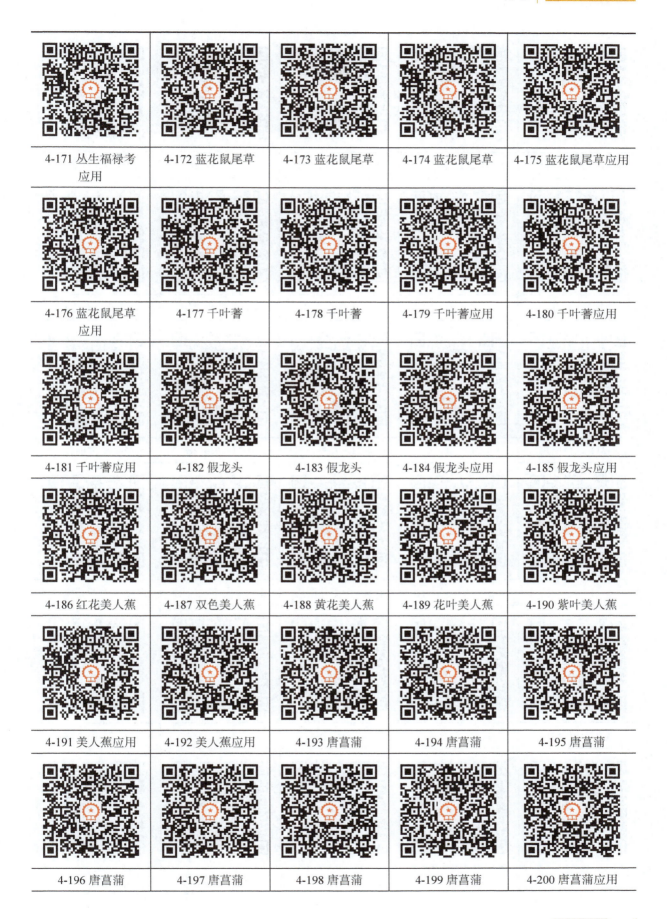

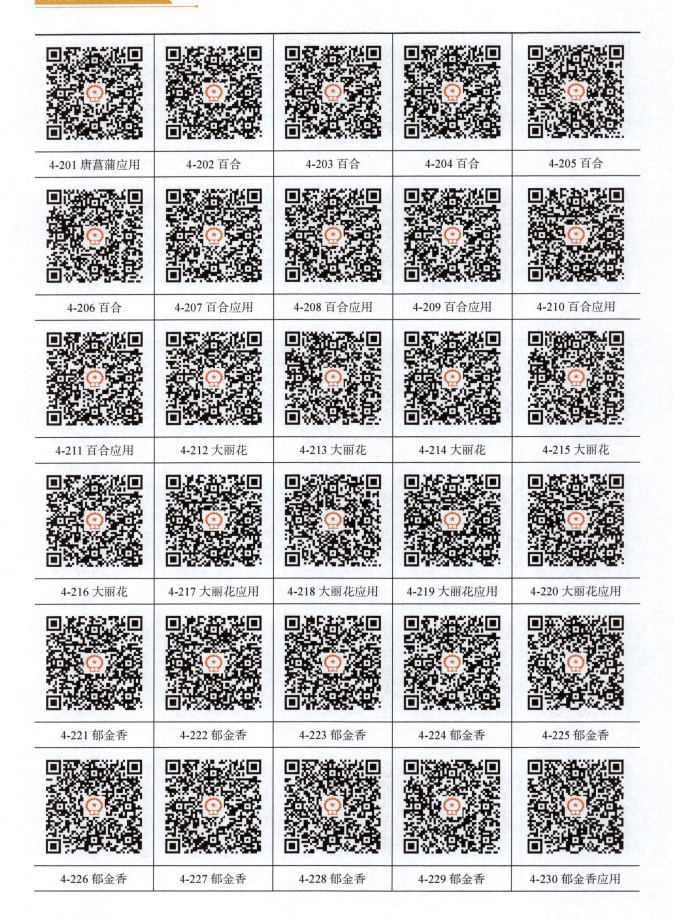

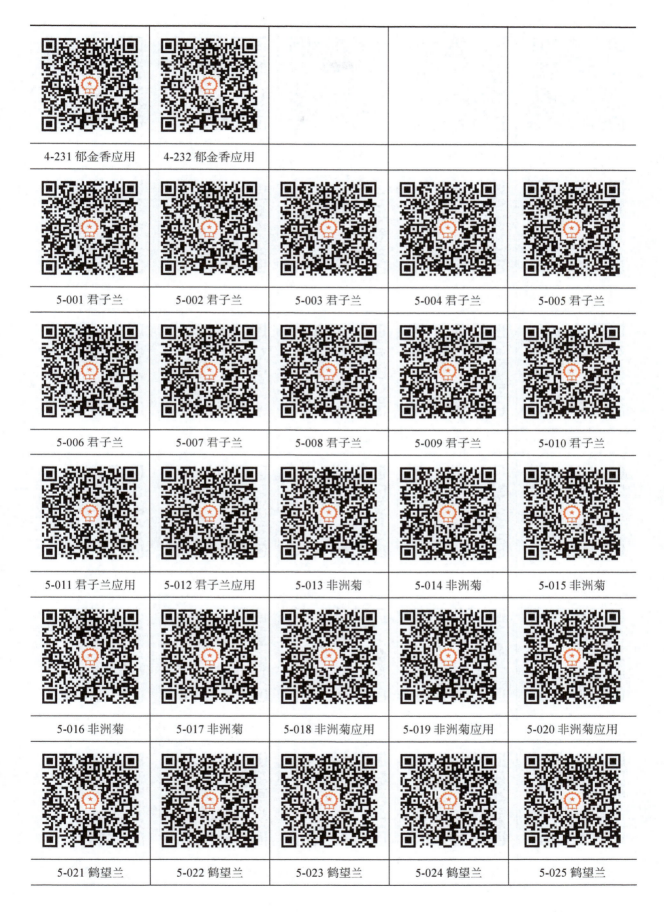

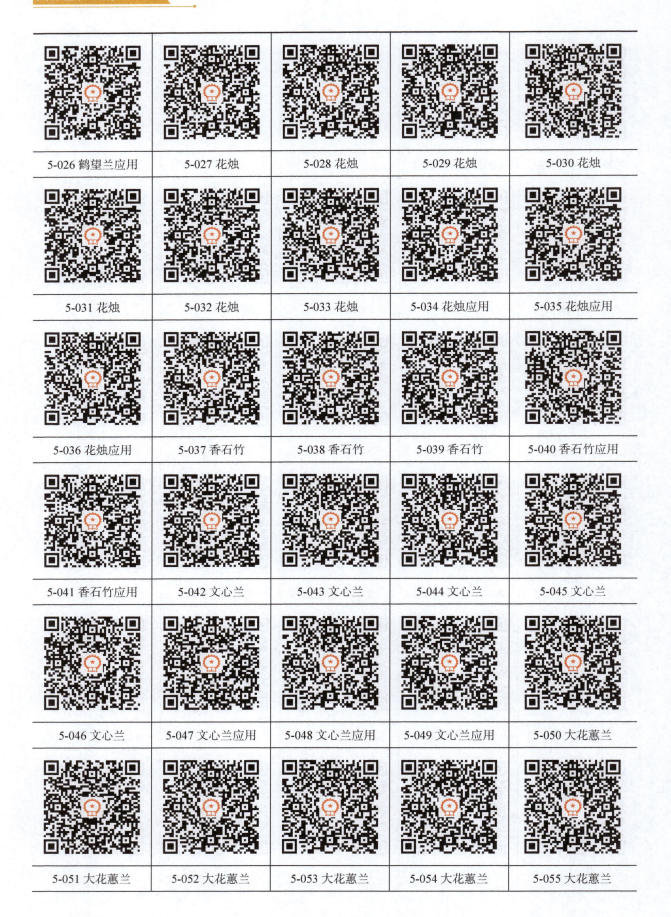

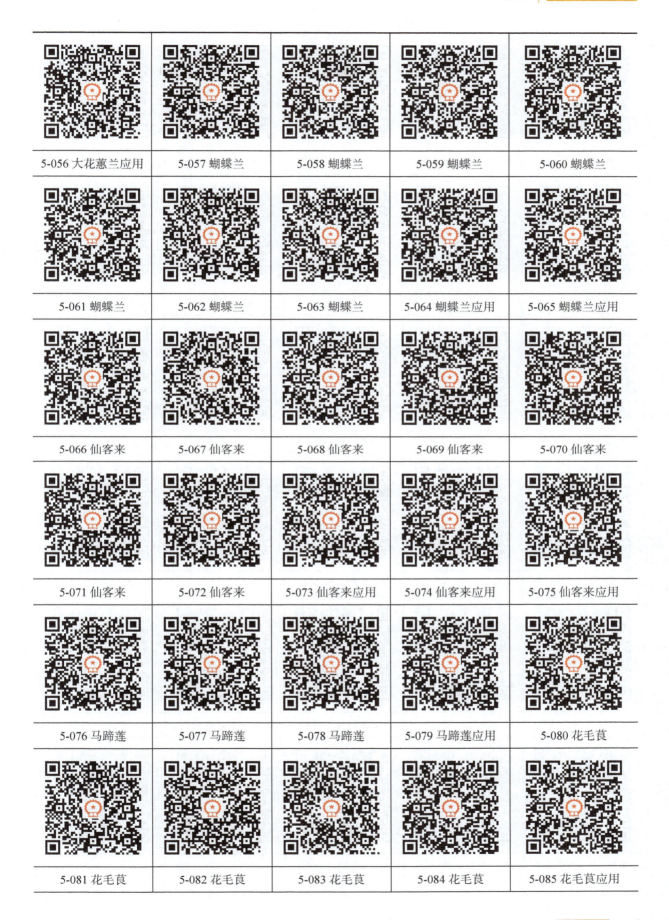

园林植物识别

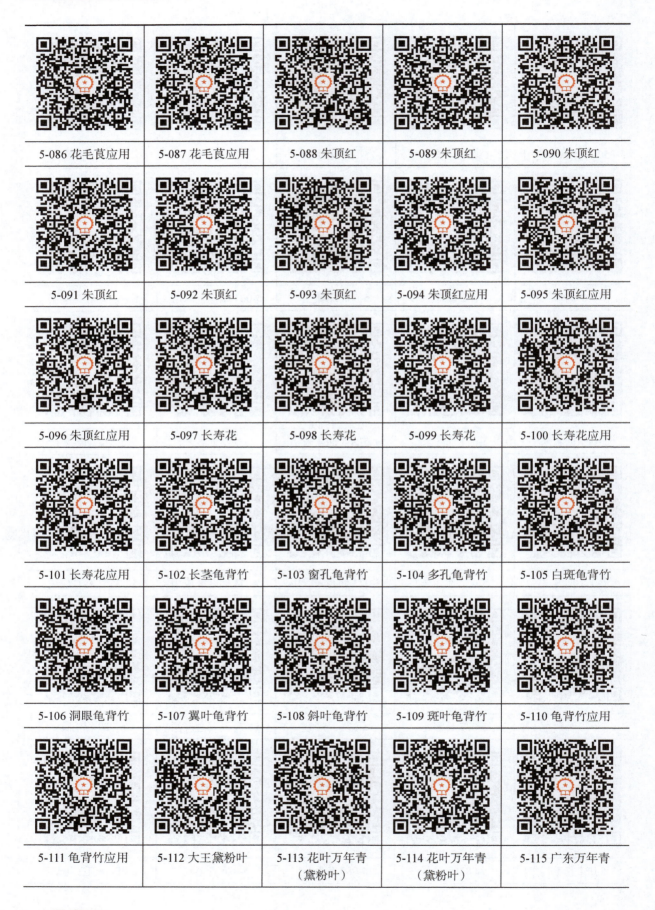

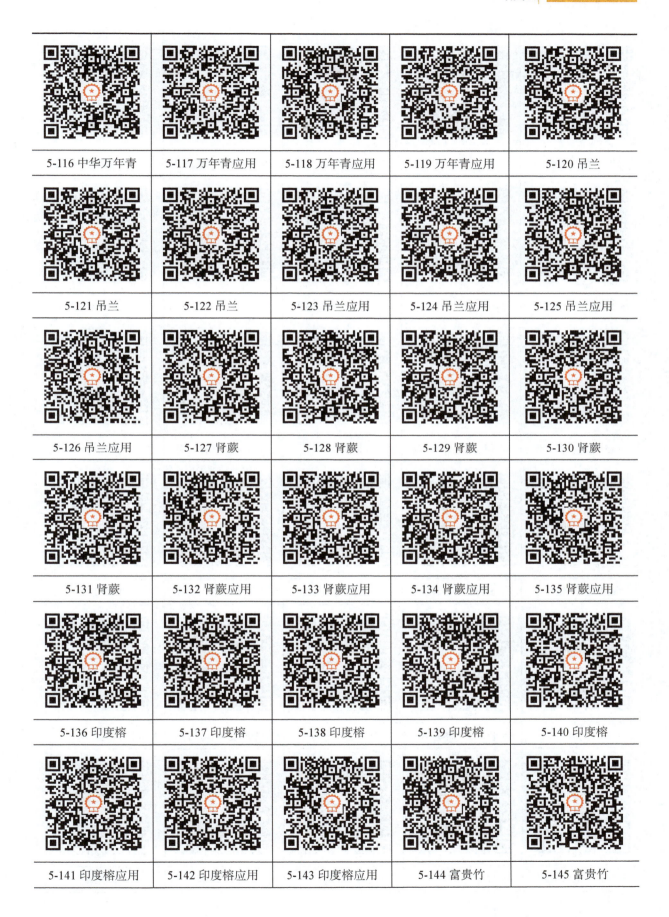

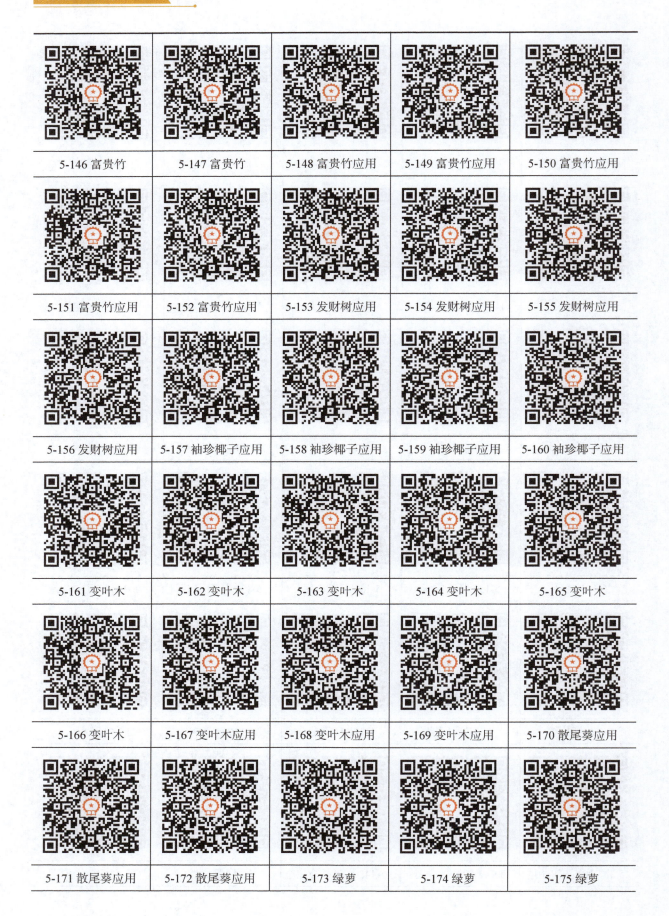

园林植物识别

参考文献

[1] 冷平生.园林生态学[M].2版.北京:中国农业出版社,2013.
[2] 李承水.园林树木栽培与养护[M].北京:中国农业出版社,2007.
[3] 李进进,马书燕,徐琰,等.园林树木[M].北京:中国水利水电出版社,2012.
[4] 刘奕清,王大来.观赏植物[M].北京:化学工业出版社,2009.
[5] 李文敏.园林植物与应用.[M].2版.北京:中国建筑工业出版社,2010.
[6] 陈有民.园林树木学.[M].2版.北京:中国林业出版社,2011.
[7] 潘文明.观赏树木[M].2版.北京:中国农业出版社,2009.
[8] 董丽,包志毅.园林植物学[M].北京:中国建筑工业出版社,2012.
[9] 卓丽环.观赏树木[M].北京:中国林业出版社,2014.
[10] 关文灵,李叶芳.园林树木学[M].北京:中国农业大学出版社,2017.
[11] 包满珠.花卉学[M].3版.北京:中国农业出版社,2011.
[12] 王奎玲,郭绍霞,李成.花卉学[M].北京:化学工业出版社,2016.
[13] 强胜,郭凤根,姚家玲,等.植物学[M].2版.北京:高等教育出版社,2017.
[14] 王玲,宋红.北方地区园林植物识别与应用实习教程[M].北京:中国林业出版社,2009.
[15] 陈月华,王晓红.园林植物识别与应用实习教程:东南、中南地区[M].北京:中国林业出版社,2008.
[16] 周兴元,刘粉莲.园林植物栽培[M].北京:高等教育出版社,2006.
[17] 吴亚芹.园林植物栽培养护[M].北京:化学工业出版社,2005.
[18] 王秀娟,张兴,郑长艳.园林植物栽培技术[M].北京:化学工业出版社,2007.
[19] 张淑玲,朱明德,蔡友铭.园林植物栽培技术[M].上海:上海交通大学出版社,2007.
[20] 王玉凤,左文中,左久诚,等.园林树木栽培与养护[M].北京:机械工业出版社,2010.
[21] 廖满英.图文精解园林植物栽培技术[M].北京:化学工业出版社,2015.
[22] 董保华,龙雅宜.园林绿化植物的选择与栽培[M].北京:中国建筑工业出版社,2007.
[23] 严贤春.园林植物栽培养护[M].北京:中国农业出版社,2013.
[24] 祝遵凌.园林树木栽培学[M].南京:东南大学出版社,2007.
[25] 毛龙生.观赏树木栽培大全[M].北京:中国农业出版社,2001.
[26] 张树宝.室内观赏植物栽培与养护[M].重庆:重庆大学出版社,2013.
[27] 卢思聪,石雷.室内花卉养护要领[M].2版.北京:中国农业出版社,2010.
[28] 孔德政,李永华,杨红旗.庭院绿化与室内植物装饰[M].北京:中国水利水电出版社,2007.